AUTOUR DE LA GÉOLOGIE

ÉTUDES APOLOGÉTIQUES

Par A. RAINGEARD

PRÊTRE DE SAINT-SULPICE

PROFESSEUR D'HÉBREU ET DE SCIENCES

Nulla unquam inter fidem et rationem vera disssensio esse potest.

(Conc. Vatic. : constitutio de fide catholica, c. IV).

TROISIÈME ÉDITION
ENTIÈREMENT REFONDUE
AVEC 2 PLANCHES ET 78 FIGURES DANS LE TEXTE

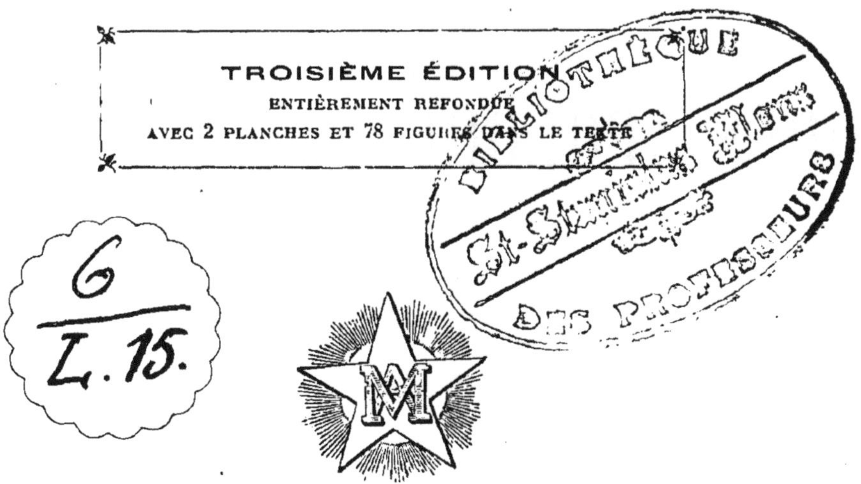

RODEZ
E. CARRÈRE, IMPRIMEUR-ÉDITEUR
1903

AUTOUR DE LA GÉOLOGIE

ÉTUDES APOLOGÉTIQUES

ÉVÊCHÉ
DE RODEZ
ET
DE VABRES

—

Rodez, le 19 juin 1903.

Cher Monsieur Raingeard,

Je viens de lire avec un vif intérêt vos « Etudes apologétiques » et je m'empresse de vous féliciter de cet excellent travail.

Il est bon que le public puisse profiter de l'enseignement donné à vos élèves avec tant de compétence, de sagacité et de largeur d'esprit.

Les nombreuses questions dont vous vous occupez sont très importantes. Vous joignez à la profonde connaissance que vous en avez l'art de les rendre accessibles à tous et attrayantes.

Il ressort clairement de vos « Etudes » que la science, loin de se trouver en contradiction avec la foi, s'unit à elle pour nous élever jusqu'à Dieu, dont éclatent partout la sagesse et la grandeur.

Vous n'avez pas fait seulement œuvre de savant, vous avez fait une bonne œuvre, et il m'est doux d'en bénir le modeste auteur.

Veuillez agréer mes sentiments très affectionnés.

† ***LOUIS-EUGÈNE.***

La Rochelle, le 26 juillet 1903.

Cher Monsieur,

J'étais impatient de lire les deux volumes que vous avez eu l'amabilité de m'adresser. Mes premiers jours, je ne dirai pas de vacances, mais de répit, se sont passés avec vous, et, je dois en convenir, très agréablement.

En lisant votre intéressant travail, je me disais : Pourquoi l'auteur ne ferait-il pas autour des autres sciences naturelles ce qu'il a fait autour de la géologie ? Quel service il rendrait à la Religion ainsi appliquée aux sciences ! Le doigt de Dieu partout dans les harmonies de la nature, voilà ce qu'il faut apprendre à notre jeune clergé, qui lui-même le montrera très utilement aux fidèles.

Avec la netteté qui caractérise votre exposition, la méthode toute scientifique que vous employez, le savoir profond que vous déguisez sous des formes accessibles à tous, on ne peut faire que de bons livres. Courage ! et abordez les autres parties de l'apologie scientifique ; vous rendrez un vrai service à l'Eglise.

Vous savez que j'ai établi ce cours dans mon grand séminaire. J'y recommanderai vos livres..... Que Dieu bénisse vos travaux !

† EMILE-PAUL,

Evêque de La Rochelle.

AUTOUR DE LA GÉOLOGIE

ÉTUDES APOLOGÉTIQUES

OBJET ET PLAN

Nous avons détaché de nos *Notions de Géologie* les hypothèses scientifiques qui ne se rattachent pas assez intimement à cette science, ainsi que les questions d'apologétique auxquelles tant la géologie que ces hypothèses donnent naissance. C'est l'objet du présent volume. Nous avons eu soin d'ailleurs de résumer dans un article spécial les grandes lignes de la géologie, en faveur des personnes qui ne pourraient pas se procurer le premier volume, toujours pourtant bien utile pour faire une lumière complète sur les bases de plusieurs controverses.

Voici le plan méthodique de l'ouvrage :

Ire PARTIE : *Données et hypothèses de la science.*

Art. 1er : Première formation des astres et du globe terrestre : Hypothèse nébulaire.
Art. 2e : Histoire et grandes lignes de la Géologie.
Art. 3e : Durée des temps géologiques.
Art. 4e : Origine et développement de la vie.
Art. 5e : Avenir, d'après la science, de la terre et du monde.

IIe Partie : *Accord avec la Bible.*

On remarquera que plusieurs questions sont traitées également dans les deux parties, mais à des points de vue différents. Si, dans la première, quelques thèses, telles que l'origine et l'antiquité de l'homme, paraissent particulièrement intéresser l'apologétique, il n'y a là encore que des jalons, et c'est dans la seconde partie qu'il faut chercher les essais de solution complète.

PREMIÈRE PARTIE

DONNÉES ET HYPOTHÈSES DE LA SCIENCE

ARTICLE PREMIER

PREMIÈRE FORMATION DES ASTRES ET DU GLOBE TERRESTRE

HYPOTHÈSE NÉBULAIRE

Creavit orbem terrarum ex materia invisa. (*Sap.* XI, 18.)

TABLEAU SYNOPTIQUE

État de la question	§ 1er		
Bases de l'hypothèse nébulaire	§ 2e	Unité de composition chimique	I
		Distribution des éléments par ordre de densité	II
		Similitude des mouvements	III
		Etat calorique	IV
Origine première des systèmes stellaires	§ 3e	Disposition générale de l'univers	I
		Existence et origine des mouvements giratoires	II
		Séparation et échauffement des mondes	III
		Cas particulier de la nébuleuse solaire	IV
Etat premier et évolution de la nébuleuse solaire, d'après Laplace	§ 4e	Exposé général	I
		Compléments justificatifs	II
Etat premier et évolution de la nébuleuse solaire, d'après Faye	§ 5e	Exposé	I
		Observations critiques	II

§ 1er. — État de la question.

Il est assez naturel de se représenter l'univers sortant des mains du Créateur tel que nous le voyons aujourd'hui, avec ses globes distincts ; la Terre, en particulier, avec son sol consistant et accidenté. Cependant, dès les temps anciens, les philosophes avaient recueilli dans les traditions et introduit dans leurs systèmes l'idée d'un chaos primitif. Plusieurs pères de l'Église avaient puisé dans la Bible des vues semblables.

Enfin, les savants modernes, guidés par la connaissance des phénomènes naturels et des lois qui les enchaînent les uns aux autres, ont été amenés à reconnaître comme très plausible, du moins pour le système dont le Soleil est le centre et dont la Terre fait partie, un état originaire extrêmement simple, où les éléments, réduits en atomes séparés, formaient une nébulosité impalpable et diffuse. Le soleil, les planètes et les satellites seraient sortis de cette nébulosité par une série d'évolutions. La formation du monde inorganique présenterait, sous ce rapport, une analogie harmonieuse avec le développement de l'être vivant, qui marche, lui aussi, dans sa période embryonnaire, du simple au complexe, du confus au distinct. On est allé plus loin, poussé par le besoin de généraliser, et l'on a conjecturé que la matière de l'univers entier, disséminée d'abord à peu près uniformément dans l'espace, s'est scindée et concentrée progressivement en nébuleuses de divers ordres, d'où seraient sortis les divers systèmes stellaires. Cette dernière hypothèse n'a pas la précision de celle qui se restreint au système solaire, mais la connexion des questions ne permet pas de la passer entièrement sous silence.

---

§ 2e. — Bases de l'hypothèse nébulaire.

La constitution actuelle du monde, interprétée à la lumière des lois physiques, fournit des indices de l'unité originaire de la masse cosmique totale, surtout de la masse du système solaire. Nous rangeons ces indices sous quatre chefs : 1° Unité de composition chimique ; 2° Distribution des éléments par ordre de densité dans le système solaire ; 3° Similitude des mouvements dans le même système ; 4° État calorique.

I. Unité de composition chimique.

L'analyse spectrale a reconnu, dans les corps célestes, la présence des éléments chimiques de la terre ; les carbures d'hydrogène dans les comètes, la vapeur d'eau dans l'atmosphère des planètes, l'hydrogène et les vapeurs de métaux communs (sodium, calcium, magnésium, fer, zinc, etc.) dans le Soleil (1) ; le même hydrogène ou la vapeur d'eau, et souvent des métaux, dans les étoiles ; l'hydrogène encore dans les nébuleuses.

II. Distribution des éléments par ordre de densité.

Les astres de notre système, en allant de la périphérie au centre présentent des densités généralement croissantes. Cette progression apparait surtout si l'on compare les quatre grosses planètes placées au delà des planètes télescopiques avec les quatre planètes placées en deçà. On a pour le premier groupe (la densité de la Terre servant d'unité) : Neptune 0,30, Uranus 0,35, Saturne 0,13, Jupiter 0,24 ; et pour le second : Mars 0,70, Terre 1,00, Vénus 0,80, Mercure 1,17. La densité du Soleil n'est que 0,25 ; mais il faut remarquer qu'une grande partie de sa masse est maintenue à l'état gazeux par une température énorme, et, à considérer les éléments métalliques de son atmosphère, on peut conjecturer que, ramené à l'état liquide ou solide, sa densité serait bien supérieure à celle de Mercure.

Or, dans une sphère gazeuse, isolée au milieu d'un espace vide et pesant vers son centre, les éléments les plus denses dominent vers le centre. Il est donc naturel d'attribuer la distribution actuelle des matériaux du système solaire à leur coexistence primitive dans une nébuleuse unique (2).

(1) Chose bizarre, tandis qu'on n'a pu reconnaître incontestablement, dans l'atmosphère solaire, l'azote et l'oxygène, éléments principaux de la nôtre, on y connaissait depuis longtemps les raies d'un corps hypothétique, l'*hélium*, qui maintenant figure dans l'analyse de l'air et de plusieurs terres, avec le poids atomique 4, le plus faible après celui de l'hydrogène. Nous ne parlons pas de la composition des *météorites*, parce que leur origine pourrait bien être simplement volcanique et terrestre.

(2) La Lune, dont la densité n'est que 0,6 de celle de la Terre, aurait de même appartenu plus tard à un globe gazeux, détaché du premier, et dont la Terre était le centre.

III. Similitude des mouvements.

1° La rotation du Soleil et les révolutions des planètes ont toutes lieu dans le *même sens*, c'est-à-dire à peu près dans le même plan et d'occident en orient. Il en est de même des rotations des planètes et des révolutions des satellites (1).

2° Toutes les révolutions se font dans des *orbites presque circulaires*, bien que cela exige, pour chaque planète ou satellite, une impulsion tangentielle calculée de manière à neutraliser l'attraction de l'astre central.

Ces concordances s'expliquent aisément si on les rattache à l'unité de mouvement dans une masse primitive commune. Telle est la raison principale qui a inspiré à Laplace son hypothèse.

IV. État calorique.

1° *Faits*.

1° Les *nébuleuses* non résolubles paraissent être des amas de gaz simples, très diffus, doués d'une température élevée. Telles les révèle leur spectre, composé de quelques raies lumineuses étroites (2).

2° Le *soleil* est un foyer comme inépuisable de chaleur. On a calculé que sa masse totale perd, par rayonnement, un ou deux degrés de température par an ; et cependant l'énergie calorique et lumineuse de sa photosphère n'a pas diminué sensiblement depuis les derniers temps géologiques. Les seules hypothèses qui, jusqu'à présent, expliquent ce fait d'une manière satisfaisante sont celles d'une température superficielle énorme (100 000° d'après Secchi), ou celle (plus vraisemblable) d'un excès de température interne capable de réparer sans cesse les pertes de la surface par un afflux de gaz chauds.

(1) La concordance des *rotations* des planètes d'occident en orient, qui souffre d'ailleurs deux exceptions, a été invoquée assez à tort par Laplace, comme nous le verrons plus loin. Mais la concordance du sens des révolutions des satellites de chaque planète avec le sens de la rotation du même astre conserve toute sa portée.

(2) Une conception différente s'est fait jour récemment : la luminosité des nébuleuses serait due à des courants électriques, comme dans les tubes de Geissler.

3° Les *étoiles* sont des globes à photosphère brillante comme le soleil : les unes moins avancées que lui (Sirius et les autres étoiles très blanches), d'autres aussi avancées (étoiles jaunes), d'autres enfin plus avancées (étoiles rouges), dans la voie, par refroidissement, des combinaisons chimiques, de la perte de l'état gazeux, de l'obscurcissement.

4° La *terre* offre, sous une écorce solide relativement mince, un noyau liquide incandescent. Nous savons que l'écorce elle-même est, dans sa partie la plus ancienne, composée de matériaux cristallisés par voie de refroidissement.

5° La *lune* présente des cirques et des cratères, signes probables de son ancienne ignition.

6° Toutes les *planètes* enfin, ont, comme la Terre, une forme sphéroïdale, avec un aplatissement polaire proportionné à leur vitesse de rotation. C'est le résultat naturel de l'attraction vers le centre, combinée avec la force centrifuge, dans une masse fluide isolée. On peut donc penser que les planètes ont été primitivement fluides, et chercher dans la chaleur, pour elles comme pour la Terre, la cause de cette fluidité.

2° *Interprétation cosmogonique.*

On tire de ces faits, par induction, une *première hypothèse : tous les astres ont eu originairement une température qui les tenait à l'état gazeux.* Ainsi, d'après Herschell, les nébuleuses nous donnent le spectacle de soleils en voie de formation, quelques-unes même avec les ébauches de leurs planètes. Ainsi, le Soleil est ce que seraient encore les planètes, si leur très petite masse relative n'avait pas déterminé leur refroidissement plus rapide (10 fois plus pour Jupiter, 100 fois plus environ pour la Terre) ; l'état de la Lune, au contraire, astre desséché et mort, tient au refroidissement excessif de sa petite sphère (4 fois plus vite que la Terre).

Mais cette température élevée représente-t-elle l'état tout à fait primordial de la matière ? Ici la théorie mécanique de la chaleur permet un regard plus reculé encore dans le passé. D'après cette théorie, la chaleur n'est qu'une agitation moléculaire ; elle nait, encore aujourd'hui, du choc des molécules dans les actions mécaniques et de celui des atomes dans les combinaisons chimiques (1). On admettra donc une *seconde hypothèse*, complément de la première : *La chaleur originaire a été produite par la chute les uns sur les autres des éléments de l'univers*, d'abord froids et encore plus dispersés. Obscurs et réduits au 0° absolu de température, les mondes, par une première concentration de chute, sont devenus chauds et lumineux. Ensuite a commencé la phase de concentration par rayonnement de chaleur et refroidissement. La part à attribuer à chacune de ces deux phases reste douteuse, et fait varier les théories cosmogoniques ; mais toutes deux ont un trait commun : la condensation ininterrompue à partir d'un état nébulaire.

§ 3e : — Origine première des systèmes stellaires.

I. Disposition générale de l'univers.

Les étoiles ne sont pas dispersées uniformément dans l'univers, mais forment des groupes plus ou moins individualisés. La plupart de ces groupes sont plus ou moins arrondis : tantôt globulaires, avec ou sans accumulation centrale, tantôt lenticulaires, annulaires, spiralés (Fig. 1). La voie lactée est

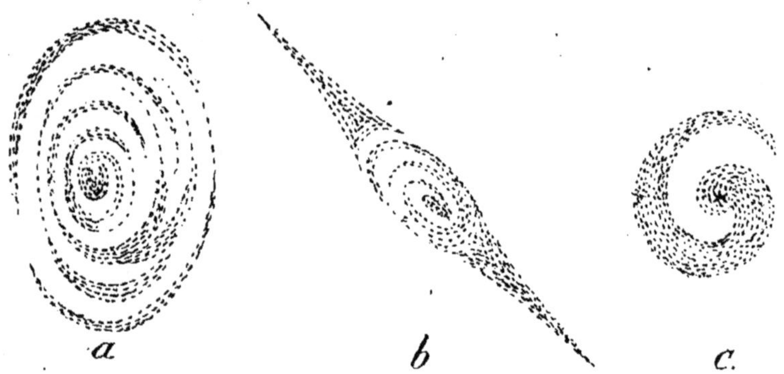

Fig. 1. — Nébuleuses : a. circulaire, spiraloïde ; — b. elliptique, spiraloïde ; — c. nettement spirale.

(1) On a contesté récemment la théorie mécanique de la chaleur. Remarquons que notre thèse en est, au fond, indépendante : il suffit qu'une forme quelconque de choc produise la chaleur, quelle que soit la nature intime de celle-ci.

une immense nébuleuse aplatie, réductible en étoiles innombrables et comprenant des groupes secondaires (tels que les Pléïades), dont le système solaire fait partie.

II. Existence et origine des mouvements giratoires.

La forme aplatie, en même temps qu'annulaire ou spirale, de certains amas d'étoiles ou de matière nébuleuse suppose un mouvement giratoire. Ce mouvement est d'ailleurs manifeste dans les systèmes d'étoiles doubles et dans le système solaire.

On pourrait supposer qu'il a été imprimé par le Créateur à chaque système isolément. Mais le mouvement tournant d'une étoile simple ou double appartenant à un groupe plus vaste peut aussi dériver du tourbillonnement du groupe, si celui-ci a constitué lui-même originairement une nébulosité simple. De même, par analogie, on s'élèvera à concevoir, comme source de toutes les girations particulières, un mouvement général, autour d'un axe, de la masse, diffuse et encore indivise, de l'univers entier.

III. Séparation et échauffement des mondes.

Il faut cependant admettre, avec M. Faye, que le Créateur a déposé, dans l'apparente homogénéité de la nébuleuse universelle, les germes de toutes les distinctions futures. Il y avait des régions de plus grande densité, dans lesquelles l'attraction concentrait les atomes. Le vide se comblait vers les centres de ces régions, devenait plus complet dans les intervalles. En même temps, les croisements et les chocs près de ces centres développaient la chaleur, et transformaient peu à peu la masse en une nébuleuse incandescente, où l'élasticité gazeuse finit par faire équilibre à la gravitation et arrêta de ce chef la concentration. La température développée se trouva en rapport avec le poids total des éléments rassemblés, car chacun avait eu une vitesse de chute proportionnelle à la masse sous-jacente qui l'attirait.

L'avenir de cette nébuleuse dépendra surtout du rapport

entre sa vitesse de rotation et sa densité. Si la rotation est relativement suffisante, la nébuleuse prendra, par le refroidissement, une forme discoïde ou annulaire, sans noyau central, et sa masse pourra se morceler en une multitude de globes nébuleux de second ordre. Si la rotation est insuffisante, il pourra se former, des éléments les plus denses, un noyau central prépondérant, et le système n'engendrera alors qu'une seule étoile, un seul soleil (1).

IV. Cas particulier de la nébuleuse solaire.

C'est à la seconde hypothèse qu'on s'arrête aujourd'hui pour la nébuleuse d'où serait sorti notre Soleil. On précise ainsi, en lui imposant un maximum, la quantité de chaleur qui a pu s'y développer : William Thomson a calculé que la concentration de la matière solaire peut avoir développé une chaleur égale à 18 millions de fois celle que cet astre perd actuellement par rayonnement en une année.

Il nous semble que la nébuleuse solaire peut provenir de la segmentation d'un vaste système, la voie lactée, préalablement échauffé, par une première concentration, dans une mesure incalculable.

---

§ 4e. — **Etat premier et évolution de la nébuleuse solaire d'après Laplace.**

I. Exposé général.

1o *Point de départ.*

Laplace suppose le soleil déjà concentré, mais enveloppé d'une atmosphère au plus haut degré d'incandescence, qui s'étendait au delà des limites actuelles du système (2). Telles

(1) Il y a sans doute bien d'autres cas possibles et même réalisés dans le monde sidéral ; mais ceux-ci nous suffisent.

(2) Le diamètre de l'orbite de Neptune n'est que 6 000 fois le diamètre solaire, tandis que certaines nébuleuses circulaires atteignent au moins 10 000 et la nébuleuse irrégulière d'Orion 500 000 fois le même diamètre. (Faye, p. 180, 194).

paraissent être encore certaines nébuleuses rondes à étoile centrale (1).

Cette masse était animée d'un mouvement tournant, d'occident en orient. Toutes ses parties, maintenues à peu près dans leurs positions relatives par les frottements internes, faisaient, comme d'une seule pièce, un tour complet dans le même temps ; par conséquent la vitesse de chaque molécule était en proportion directe de sa distance à l'axe de rotation. La durée d'un tour dépassait le temps de révolution actuel de la planète la plus éloignée : plus de 200 ans.

La nébuleuse était déjà d'ailleurs isolée des autres mondes par l'espace vide et froid.

2° *Formation d'anneaux.*

La nébuleuse perdait sa chaleur par rayonnement vers l'espace froid. De là, diminution de la force expansive, contraction sous l'action de la pesanteur.

La contraction amenait l'accroissement, mais dans des proportions inégales, de la force centrifuge et de la force centripète. En effet :

1° *Force centrifuge.* — C'est l'écart dans l'unité de temps, entre la tangente rectiligne que le mobile aurait suivie en vertu de l'inertie et la courbe sur laquelle l'attraction centrale le maintient. Cette force croît *en raison inverse du cube de la distance au centre* : $F/F' = R'^3/R^3$ (2).

(1) Ces étoiles n'ont qu'un spectre gazeux, mais c'est d'autant plus conforme à l'hypothèse : le soleil primitif était trop chaud pour posséder une photosphère partiellement solide ou liquide.

(2) Soit R la distance au centre ou rayon vecteur (Fig. 2), V la tangente égale à la vitesse, et F l'écart ou force centrifuge. On a géométriquement $F = \frac{V^2}{2R}$. D'où $F : F' :: \frac{V^2}{2R} : \frac{V'^2}{2R'}$ ou $\frac{F}{F'} = \frac{V^2 R'}{V'^2 R}$. Mais la vitesse est inverse de la distance, car les aires balayées par les rayons vecteurs (Fig. 3) restent égales dans des temps égaux (2e loi de Képler), et ces aires sont le produit de l'arc par le 1/2 rayon : $\frac{VR}{2} = \frac{V'R'}{2}$, d'où $\frac{V}{V'} = \frac{R'}{R}$. Substituant donc $\frac{R'}{R}$ à $\frac{V}{V'}$, dans $\frac{V^2 R'}{V'^2 R}$, il vient $\frac{F}{F'} = \frac{R'^3}{R^3}$.

2° *Force centripète* ou *gravitation.* — On sait qu'elle est *inverse du carré de la distance* (loi de Newton) : $G/G' = R'^2/R^2$.

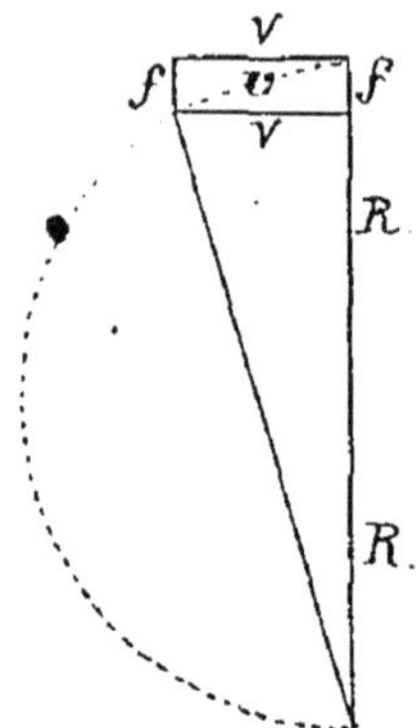

Fig. 2. — $F \times (2 R f) = V^2$, ou bien $F \times 2 R = V^2$; sensiblement $F \times 2 R = V^2$.

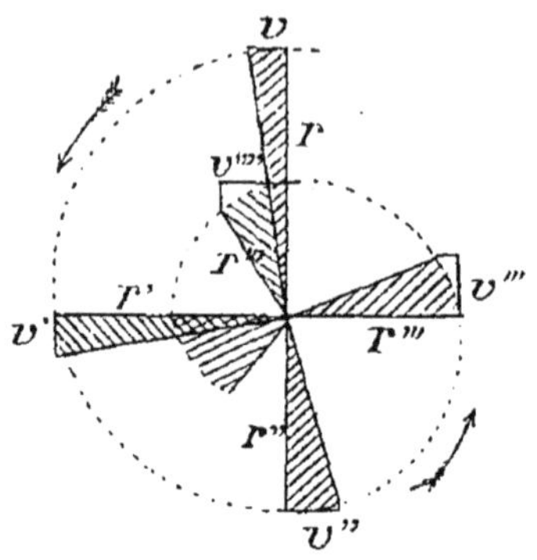

Fig. 3. — Loi des aires : $\frac{v\,r}{2} = \frac{v'\,r'}{2} \ldots = \frac{v'''\,r'''}{2}$; d'où $\frac{v}{v'} = \frac{r'}{r} \ldots \frac{v}{v'''} = \frac{r'''}{r}$.

Conséquence. — La diminution de la distance fait croître la force centrifuge plus vite què la force centripète (1).

La force centrifuge croissante fit prendre à la masse gazeuse une forme lenticulaire de plus en plus aplatie. Vint un moment où, devenue sur l'équateur égale à l'attraction, elle dé-

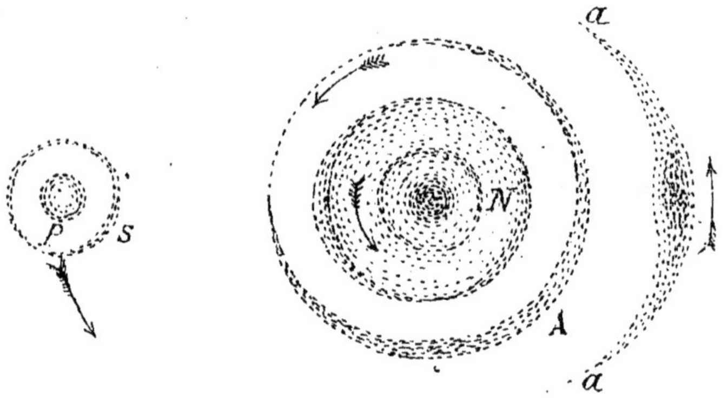

Fig. 4. — Nébuleuse de Laplace, vue par le pôle. — N, noyau, avec un centre très condensé et des germes d'anneaux ; A, anneau détaché ; aa, anneau se ramassant en globe ; P, globe planétaire ; S, anneau satellite.

(1) Rapport des accroissements : $\frac{F}{F'} : \frac{G}{G'} = \frac{R'^3}{R^3} : \frac{R'^2}{R^2} = \frac{R'}{R}$.

tacha un anneau vaporeux, qui conserva désormais, avec son diamètre, une vitesse constante. Le reste de la masse, qu'on peut appeler le noyau, continua à se contracter en augmentant de vitesse rotatoire Il put ainsi abandonner successivement plusieurs anneaux, doués de vitesses exactement proportionnées aux conditions du mouvement sur des orbites sensiblement circulaires (Fig. 4 et 5).

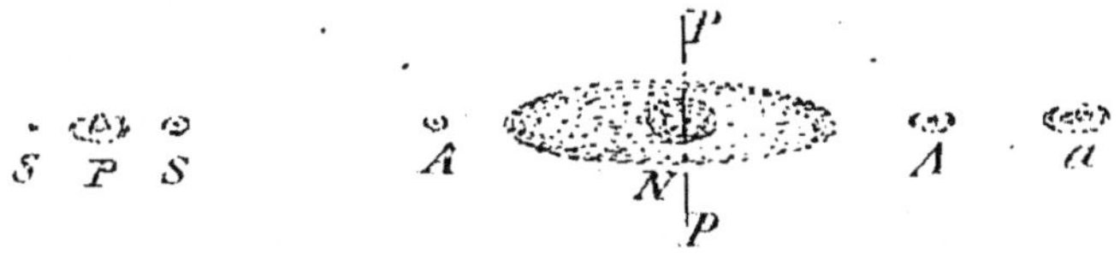

Fig. 5. — La même coupée suivant son axe de rotation PP. Mêmes lettres pour les mêmes éléments.

3° *Transformation des anneaux en globes.*

Chaque anneau se rompit bientôt, à cause de sa forme instable et dissymétrique, et se ramassa autour d'un ou plusieurs centres de gravité.

Le premier cas fut la règle : ainsi prirent naissance huit globes vaporeux destinés à devenir les *planètes principales* avec leurs satellites.

Le second cas fut l'exception : il explique l'origine des très petites et très nombreuses *planètes télescopiques* qui circulent entre Mars et Jupiter.

Il peut aussi rester de la matière très dispersée dans le plan équatorial, et c'est peut-être la cause de la *lumière zodiacale*, cette lueur lenticulaire qui s'étend autour du Soleil jusqu'au voisinage de la Terre.

4° *Rotation des planètes d'occident en orient.*

D'après Laplace, les éléments de chaque anneau, soustraits par la force centrifuge à la chute vers le corps central, sont au contraire pressés contre leur zone moyenne par leur attraction mutuelle. Dans ces conditions, les frottements s'opposent à des mouvements indépendants, et l'anneau tourne comme d'une seule pièce. Le bord intérieur a donc la même durée de révolution que l'extérieur, et, comme la circonférence qu'il parcourt est moindre, sa vitesse absolue est moindre aussi (Fig. 6, à gauche). Dans le passage à la forme globulaire, l'inégalité de cette vitesse maintient tourné vers le Soleil l'hémisphère constitué par la concentration de la zone intérieure, de sorte que le mouvement du nouvel astre présentait au début les caractères actuels de celui de la Lune. Ce mouvement se résout naturellement en deux composantes : translation du centre de la planète, avec la vitesse de la zone moyenne de l'anneau générateur ; rotation, avec une vitesse égale à la demi-différence des vitesse des zones extrêmes (Fig. 6, à droite). L'excès de vitesse qui produit la rotation est dans le sens de la révolution : la rotation a donc lieu aussi d'occident en orient.

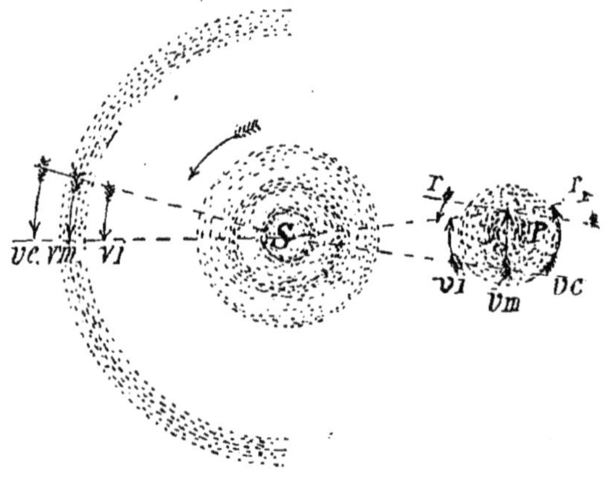

Fig. 6. — Rotation d'une planète à l'origine, d'après Laplace. — A gauche, moitié de l'anneau non concentré : — vm, vitesse moyenne ; vc, vitesse extérieure ; vi, vitesse intérieure.

A droite, globe planétaire résultant de la concentration : — vm, vc, vi, même signification ; rr, différences de vitesses constituant la rotation : excès au bord externe, défaut au bord interne.

5° *Formation des satellites.*

La sphère vaporeuse destinée à devenir planète évolua comme la nébuleuse solaire : refroidissement, concentration, accélération de la rotation, et, si la force centrifuge parvient à égaler la pesanteur, formation d'anneaux, puis de satellites (Fig. 4 et 5, P, S).

Ces évolutions rendirent la période de rotation des planètes plus courte que celle de révolution, donnèrent des satellites à la plupart, et à Saturne ses anneaux, composés d'une poussière d'astéroïdes.

6° *Passage de l'état gazeux et incandescent à l'état liquide et obscur.*

Le refroidissement amène des combinaisons chimiques et la condensation, à l'état liquide, de certains corps simples ou composés. Cette condensation peut avoir lieu au centre, de manière à constituer un noyau liquide compacte, ou vers la périphérie, en formant des gouttelettes séparées. C'est ce dernier phénomène que nous observons actuellement dans le Soleil : sa photosphère n'est qu'une couche sphérique de nuages incandescents (peut-être poussière de charbon, de magnésie, de chaux). Deux courants inverses entretiennent la photosphère : les gouttelettes tombent jusqu'à la profondeur où elles rencontrent une température suffisante pour les volatiliser de nouveau ; les vapeurs plus chaudes de l'intérieur s'élèvent jusqu'à la surface pour devenir la matière d'une nouvelle condensation. Mais quand l'excès de température interne sera épuisé, la photosphère ira former ou accroître le noyau liquide.

Les planètes, qu'elles aient ou non possédé jadis une photosphère, sont arrivées, par la condensation successive de leurs éléments, à acquérir un noyau liquide prépondérant, enveloppé d'une atmosphère. Ce noyau, lorsqu'il était encore incandescent, devait, observé à travers une atmosphère riche en vapeur d'eau, présenter à peu près le spectre des étoiles rouges. Puis, la vapeur d'eau, précipitée en nuages épais, voila la surface lumineuse : c'est peut-être encore l'état de Jupiter, dont la tache rouge, visible par intermittences, préoccupe les astronomes. Enfin la surface du noyau, de plus en plus refroidie, cessa d'émettre de la lumière. Ici commença pour la Terre la phase géologique, pendant laquelle les hypothèses cèdent progressivement la place aux données et aux lois certaines.

II. Compléments justificatifs.

La théorie de Laplace présente des difficultés. Elles ont induit récemment M. Faye à la transformer radicalement (§ 5e).

D'autres savants, au contraire, particulièrement Roche et G.-H. Darwin, analysant les conditions d'évolution de la nébuleuse, ont apporté à l'hypothèse primitive des rectifications de détail et des compléments heureux, qui en maintiennent et en justifient le fond. Nous allons passer en revue, sous forme de réponse aux objections, les principaux résultats de ces travaux (1).

1° *Point de départ.*

Laplace suivait les idées d'Herschell sur l'existence d'un noyau froid au centre du Soleil. Nous avons supprimé cette vue, peu cohérente avec sa théorie, et inconciliable avec la cosmogonie générale.

2° *Formation des anneaux.*

Nous retenons la supposition d'une masse prépondérante au centre de la nébuleuse. C'est une condition indispensable (2). Elle s'explique d'ailleurs par la pression et par la prédominance, au centre, des éléments les plus lourds.

Mais alors il semble que la condensation provenant du refroidissement devait marcher à la surface plus vite qu'au centre ; et, comme les frottements maintenaient l'uniformité du mouvement angulaire, la masse centrale absorbait et amortissait presque toute l'accélération superficielle. — De là cette *objection, due à M. Faye :* La force centrifuge restera toujours, sous l'équateur même, inférieure à la gravité, et par suite, *aucun anneau ne se détachera.* — On tomberait d'ailleurs, en contestant cette conséquence, dans une *difficulté contraire.* Supposé, en effet, que la force centrifuge balance enfin sur l'équateur la force centripète, cet équilibre gagnera le centre par un progrès régulier : ce ne seront pas de gros anneaux qui se détacheront périodiquement, mais de minces files de molécules qui se dissémineront isolément, d'une manière plus diffuse encore que les anneaux de Saturne et à la manière sans doute de la nébulosité qui donne lieu au phénomène de la lumière zodiacale.

(1) Voir *Hypothèses cosmogoniques,* par Wolf, chez Gauthier-Villars.

(2) Voir les conséquences de la supposition contraire dans la théorie de Faye (§ 5°, I, 3°).

M. *Roche* paraît avoir résolu cette double difficulté. — Le refroidissement progressif produit *deux effets différents :* 1° une *concentration continuelle* et à peu près uniforme *des régions superficielles*, due à la simple diminution de la force expansive, 2° une *concentration intermittente du noyau central*, aux moments critiques où certains éléments descendent à leur température de liquéfaction et se précipitent vers le centre (1). Le premier effet rétrécit la zone équatoriale beaucoup plus qu'il n'accroît sa vitesse giratoire, et il ne peut se détacher aucun anneau, comme M. Faye le fait justement observer. Mais aux époques où le second effet rapproche rapidement du centre des quantités considérables de matière, cette chute accélère notablement la rotation du noyau, et, par entraînement, de l'atmosphère entière ; celle-ci, ne se rétrécissant pas assez vite, finit par acquérir sur son équateur une force centrifuge égale à la gravité, et abandonne, tant que dure le phénomène, les éléments d'un noyau gazeux plus ou moins considérable.

3° *Transformation des anneaux en globes.*

Cette transformation souffre deux difficultés.

1re difficulté. — L'extrême lenteur avec laquelle l'anneau, rompu en un point faible, se serait ramassé autour du point le plus dense, lui aurait donné le temps de se refroidir en poussière d'astéroïdes et d'échapper ainsi aux transformations subséquentes.

Réponse. — La zone équatoriale, longtemps avant de se détacher, pouvait, par suite d'attractions sidérales extérieures ou même d'un travail interne, présenter une protubérance considérable. A sa naissance donc, l'anneau était déjà réduit à la forme d'un ménisque, tout prêt à se ramasser en globe en absorbant ses pointes (Fig. 4, A).

2e difficulté. — Un globe gazeux, soumis à une puissante attraction extérieure (ici celle du Soleil), ne peut conserver son unité qu'à la condition de posséder un noyau assez dense.

(1) Cela peut avoir lieu, ou par simple changement d'état, ou par suite d'une combinaison chimique qui crée un corps plus fixe.

Réponse. — Le rapport exigé entre la densité et l'attraction extérieure, loin d'être une condition irréalisable, justifie l'hypothèse en fournissant l'explication des *trois catégories de planètes* : 1° Les quatre grandes (Neptune, Uranus, Saturne et Jupiter), peu denses, mais suffisamment éloignées du Soleil ; — 2° Les planètes télescopiques, anneau morcelé par l'attraction solaire ; — 3° Les quatres planètes inférieures (Mars, Terre, Vénus et Neptune) plus rapprochées encore du Soleil, mais formées d'une matière d'un poids spécifique élevé, qui en rendit le noyau très dense et peut-être, dès l'origine, liquide.

4° *Sens des rotations.*

M. Faye n'admet pas, entre les éléments d'un anneau nébuleux, une cohésion assez forte pour égaliser leur mouvement angulaire. Donc, d'après les autres données de l'hypothèse de Laplace, et en vertu de la 3e loi de Képler (1), la région interne de l'anneau devait marcher plus vite que la région externe et engendrer un mouvement rotatoire rétrograde, c'est-à-dire d'orient en occident (Fig. 7). De fait, dans l'anneau de Saturne, les parties internes marchent plus vite, et l'on trouve le mouvement rétrograde réalisé dans les mondes d'Uranus et de Neptune.

Réponse. — Nous n'insisterons pas sur la valeur douteuse des faits invoqués (2) et, laissant même de côté la possibilité de la cohésion, nous lui substituerons une explication toute nouvelle.

---

(1) Les carrés des temps des révolutions sont proportionnels aux cubes des rayons vecteurs moyens : $\frac{T^2}{T'^2} = m \frac{R^3}{R'^3}$. Or $V : V' = \frac{T}{2\pi R} : \frac{T'}{2\pi R'} = \frac{T}{T'} \frac{R'}{R}$; et, en remplaçant $\frac{T}{T'}$ par sa valeur $\sqrt{m \frac{R^3}{R'^3}}$, il vient $\frac{V}{V'} = \frac{R'}{R} \sqrt{m \frac{R^3}{R'^3}} = \sqrt{m \frac{R}{R'}}$. Donc les vitesses sont proportionnelles aux racines carrées des rayons.

(2) 1° L'anneau de Saturne est, selon toute vraisemblance, un amas d'astéroïdes froids et isolés les uns des autres, ce qui fait disparaître toute parité avec le cas des anneaux gazeux incandescents. — Les satellites d'Uranus suivent des orbites presque perpendiculaires à l'écliptique ; leur mouvement n'est donc pas proprement rétrograde, et résulte d'une perturbation considérable, qui laisse ignorer son sens primitif ; des observations récentes paraissent conclure, pour la planète elle-même, à une rotation directe sous une inclinaison de 48°.

Le globe planétaire, à l'état primitif de grande diffusion, était soumis, de la part du Soleil, à des marées puissantes. Les frottements des deux protubérances dirigées suivant le rayon vecteur dut assez promptement amener tous les éléments à prendre une position fixe par rapport à ce rayon, au cas où ils ne l'auraient pas eue d'abord (Fig. 8). Alors fut établi défi-

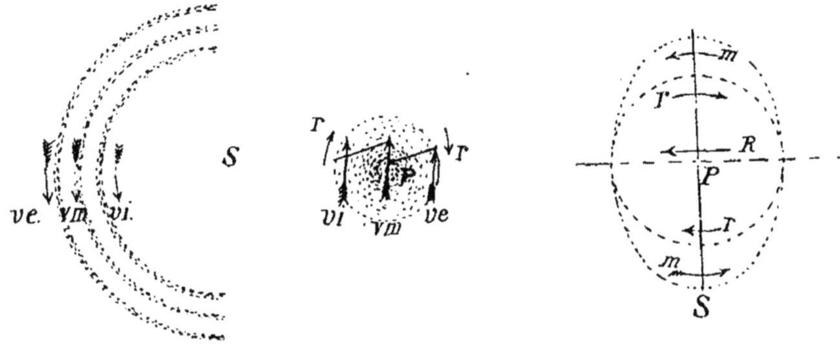

Fig. 7. — Rotation d'une planète formée par des anneaux indépendants. Mêmes abréviations que dans la figure 6. La flèche vi est la plus grande.

Fig 8.— Effet de la marée (m) tendant à ramener la rotation (r) dans le sens de la révolution (R). P. S, rayon vecteur

nitivement un excès de vitesse du bord extérieur sur l'intérieur, et, comme nous l'avons expliqué plus haut, la rotation d'occident en orient égale en durée à la révolution (1). Plus tard, lorsque la concentration croissante de la masse réduisit l'influence des marées, et surtout lorsque la formation rapide d'un noyau liquide rendit l'effet de cette concentration prépondérant, le mouvement rotatoire s'accéléra, quoique jamais dans la mesure que le calcul indiquerait si l'on oubliait de tenir compte de l'influence retardatrice des marées. Les grandes planètes Jupiter et Saturne, plus éloignées du Soleil, ont moins subi cette influence retardatrice et tournent plus vite (10 heures environ au lieu de 24). Les satellites, au contraire, grâce à l'extrême voisinage de leur planète et à l'achèvement de leur concentration lorsque la marée y était encore puissante, ont acquis et conservé une rotation directe égale à leur

(1) Une autre explication consiste à faire remarquer que, dans la transformation, la queue de l'anneau rompu, accélérant sa vitesse, se portait en dehors, tandis que la tête, tirée en arrière, tombait en dedans.

révolution. Vénus et Mercure, d'après des observations récentes, encore contestées, de Schiaparelli, seraient dans le même cas. Mais Neptune, et peut-être Uranus, grâce à l'éloignement du Soleil, ont pu conserver la rotation rétrograde, qu'ils avaient acquise originairement grâce à la diffusion et à l'incohérence de leurs anneaux générateurs. — L'explication par les marées rend compte, on le voit, même des cas particuliers et des exceptions possibles.

5° *Formation des satellites.*

La difficulté la plus frappante se trouve dans le temps de rotation des planètes Mars et Saturne, temps supérieur, pour la première, à la révolution de son premier satellite, pour la seconde, à la rotation de son anneau interne.

MM. Roche et G.-H. Darwin ont analysé les conditions très compliquées de la genèse des satellites. Nous nous contenterons de leur emprunter la solution de la difficulté proposée.

Après la condensation presque totale d'un globe planétaire par son passage à l'état liquide, la cause d'accélération de sa rotation devient insignifiante et les marées déterminent de nouveau un phénomène de ralentissement. Ainsi, la rotation de Mars, après la séparation de son satellite inférieur (Phobos), serait devenue peu à peu trois fois plus lente par l'action du Soleil. On expliquera de même la lenteur de la rotation de Saturne par rapport à son anneau (1).

§ 5e. — **État premier et évolution de la nébuleuse, solaire, d'après Faye.**

I. Exposé.

1° *Point de départ.*

Deux différences essentielles avec Laplace :

1° La nébuleuse solaire est un lambeau encore froid de la

(1) La Lune, au contraire, formée près de la Terre et assez grosse pour agir fortement sur celle-ci en y produisant des marées, s'en serait considérablement éloignée par une réaction mécanique que nous ne pouvons expliquer ici, pendant la première période où ces marées étaient extrêmement puissantes.

masse cosmique primitive (1) ; elle s'étend bien au delà de l'orbite de Neptune, dix fois plus loin par exemple. Ses éléments, absolument incohérents, peuvent circuler isolément les uns des autres : on admet quand même la forme sphérique et un mouvement d'ensemble, d'orient en occident, autour d'un axe.

2° La densité est à peu près la même du centre à la périphérie.

2° *Formation des anneaux planétaires, du globe solaire et des comètes.*

1. Dans le plan équatorial, les mouvements circulaires tendaient à se conserver (sauf ce que nous dirons du rétrécissement des orbites) : car la force centrifuge y est directement opposée et égale à l'attraction (2). Les éléments donc qui occupaient une tranche équatoriale relativement mince se groupèrent peu à peu, pour la plupart, en anneaux concentriques, dessinés dès l'origine par certaines inégalités dans leur nature et leur distribution. Ces anneaux devaient donner naissance aux planètes.

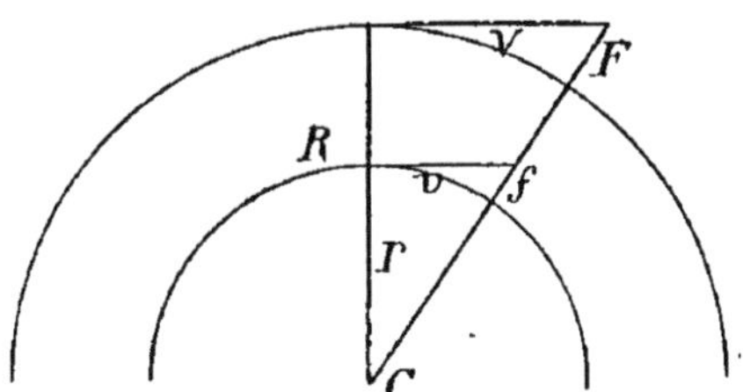

Fig. 9. — Attraction, vitesse et force centrifuge dans une sphère homogène tournant d'une seule pièce. $\frac{F}{f} = \frac{V}{v} = \frac{R}{r} = \frac{A}{a}$ (A, a, att^r action).
Si $A = F$, on aura aussi $a = f$.

(1) Ceci serait conforme à des vues nouvelles sur l'état des nébuleuses (voir note 2 de la p. 8).

(2) La masse sous-jacente, à cause de l'uniformité de la densité, est proportionnelle au cube du rayon, et l'on a, d'après la loi de la gravitation, $A = \frac{\frac{4}{3}\pi R^3}{R^2} = \frac{4}{3}\pi R$, c'est-à-dire *force centripète proportionnelle au rayon*, aussi bien que la vitesse et la force centrifuge (Fig. 9).

2. Les éléments plus éloignés de l'équateur, qui constituaient la plus grande partie de la nébuleuse, tombèrent vers le centre en décrivant des spirales à tours de plus en plus étroits et allongés (1). Là, les flux venant des deux hémisphères se rencontrèrent, se choquèrent : d'où amortissement du mouvement de translation et accumulation dans un état d'agitation calorique. Ainsi eut lieu la concentration solaire, dont la masse et la chaleur allèrent croissant jusqu'à la réunion complète de la matière extra-planétaire.

3. Cependant, une partie, excessivement faible il est vrai, de ces éléments extra-équatoriaux, a échappé à l'absorption centrale. Elle a formé les comètes, qui circulent dans toutes les directions sur des ellipses très excentriques.

3° *Formation des planètes ; sens de leur rotation.*

Les anneaux planétaires se sont transformés en globe, les uns (de Mercure à Saturne inclusivement) avant la concentration de la masse solaire au dedans de leur orbite, les autres (Uranus et Neptune) après cette concentration.

De là, différence dans le sens de la rotation.

1. Nous avons vu en effet (Fig. 9) qu'avant la concentration du Soleil, les vitesses (au moins dans la tranche équatoriale) étaient proportionnelles au rayon. Ainsi la zone intérieure de chaque anneau tournait moins vite que l'extérieure (comme dans l'hypothèse de Laplace, mais pour une raison meilleure), et l'anneau transformé en globe présenta la rotation directe d'occident en orient.

2. Après la concentration, qui arriva de bonne heure par rapport aux deux anneaux extrêmes, les diverses zones et chacun de ces anneaux obéirent dans leurs vitesses à la troisième loi de Képler ; attirées en effet par une même masse, elles de-

(1) La force centripète peut, en effet, se décomposer en une force perpendiculaire à l'équateur, que rien ne contrariait, et en une force perpendiculaire à l'axe, que contrariait la force centrifuge : celle-ci, luttant incomplètement contre une attraction croissante, empêchait seulement les éléments d'aboutir directement au centre. — Il ne faut pas se figurer une séparation nette entre la zone équatoriale et les calottes polaires : chaque anneau planétaire dut absorber une petite partie des matériaux situés plus loin du centre, en dehors mais près de la zone équatoriale.

vaient marcher d'autant plus vite qu'elles en étaient plus rapprochées, pour contrebalancer l'attraction plus grande (Fig. 7). De là le mouvement de rotation rétrograde (1).

4° *Formation des satellites.*

Pendant que le Soleil se formait et s'échauffait lentement, les anneaux planétaires, d'abord à peu près froids, se ramassaient en globe et, évoluant à la manière de la nébuleuse générale, se donnaient des satellites (pour la plupart) et un noyau incandescent.

5° *Phase géologique.*

La Terre (comme les autres planètes), provenant d'une fraction minime de la nébuleuse générale, fraction encore presque froide au moment de sa séparation, ne put atteindre une aussi haute température que le Soleil. Elle présentait déjà, sans doute, à son maximum d'incandescence, un noyau liquide, enveloppé des gaz atmosphériques et de vapeur d'eau. Ce noyau se revêtit promptement d'une croûte obscure, théâtre des phénomènes géologiques.

Ces derniers phénomènes commencèrent alors que le Soleil était encore très diffus et sans photosphère.

II. Observations critiques.

1° *Point de départ.*

La forme sphéroïdale et le mouvement rotatoire d'ensemble de la nébuleuse ne sont pas ici les conséquences de l'équilibre des pressions et du travail des frottements dans une masse gazeuse. On ne voit même pas bien comment ils ont

(1) Uranus se forma peut-être au moment critique du changement de régime, ce qui expliquerait les perturbations de son axe de rotation et des axes de révolution de ses satellites. — D'ailleurs les changements de vitesse ne purent s'établir sans changements de distances. A mesure que les éléments solaires pénétraient en dedans des orbites des anneaux aussi bien que des globes déjà formés, les éléments de ceux-ci, obéissant à l'accroissement d'attraction, se rapprochaient du centre en accélérant leur vitesse. Ce changement affecta davantage les plus voisins du centre. Ainsi finit par s'établir le régime actuel, conforme à la 3e loi de Képler.

pu s'établir dans des conditions aussi instables. En tout cas ils n'apparaissent plus que comme une exception providentielle dans l'ensemble des mondes ; avantage peut-être pour la cosmogonie générale en présence des systèmes stellaires et nébulaires si variés, inconvénient pour la théorie rationnelle du système solaire.

2° *Formation des anneaux, du Soleil et des comètes.*

1° Faye n'explique pas la séparation de la matière équatoriale en grands anneaux espacés les uns des autres, comme l'ont fait les continuateurs de Laplace. Il semble même que le progrès de la concentration solaire, à l'époque où il donnait à la zone interne d'un anneau une vitesse plus grande qu'à la zone externe, devait disjoindre ces deux zones.

2° La chute des masses non équatoriales ne paraît pas devoir aboutir si près du centre, mais s'éparpiller sur le plan équatorial, dans la région surtout des anneaux les plus internes, à moins qu'on n'admette une rotation plus lente vers les pôles. Toutes les vitesses et même toutes les directions sont possibles, il est vrai, nous l'avons vu, dans la nébuleuse de M. Faye, mais au détriment alors de ses anneaux équatoriaux eux-mêmes.

3° Il explique, au contraire, heureusement comment les comètes ont pu prendre naissance à l'intérieur du système solaire, tandis que Laplace paraît obligé de les considérer comme des corps étrangers à ce système (1).

(1) Faye argue de ce que nombre de comètes (celles qui ont été reconnues comme périodiques) ont une orbite elliptique, et de ce que les autres décrivent sensiblement des paraboles, qui peuvent être des ellipses très allongées, tandis qu'aucune ne décrit d'hyperbole. Mais la périodicité certaine, relativement rare, peut provenir (comme il a été démontré pour celle d'Encke) d'un véritable accident, l'action perturbatrice d'une planète, et la parabole est aussi bien la limite très approchée des mouvements hyperboliques où l'attraction solaire a la plus grande part. — D'ailleurs, la nébuleuse chaude de Laplace étant, d'après nous, le produit de la concentration d'une nébuleuse froide, solaire également, c'est à des éléments lointains de celle-ci, échappés à la concentration calorique, qu'on peut rapporter les comètes.

3° *Formation des globes planétaires ; leur classification d'après le sens des rotations.*

1° La transformation des anneaux en globes souffre les mêmes difficultés que dans la théorie de Laplace.

2° Les deux groupes naturels des planètes, établis particulièrement sur les densités, ne s'expliquent plus. En effet les éléments d'un poids spécifique élevé devaient se rencontrer indifféremment dans les diverses régions de la nébuleuse de M. Faye : c'est même une condition des vitesses proportionnelles aux distances (1).

4° *Formation des satellites.*

Faye trouve dans la formation d'anneaux intérieurs une explication ingénieuse des anomalies présentées par les satellites de Mars et par l'anneau de Saturne. Nous avons vu qu'on peut résoudre autrement la difficulté (2).

5° *Phase géologique.*

On semble accorder plus de temps aux évolutions géologiques en les faisant commencer avant la condensation totale du Soleil. Nous avons fait cependant remarquer (§ 3e, IV) qu'on peut attribuer au Soleil une plus haute température de condensation, et par suite étendre la durée de son refroidissement, en considérant notre nébuleuse comme le démembrement d'une autre nébuleuse ignée beaucoup plus considérable. D'ailleurs, la phase géologique a pu commencer, dans la cosmogonie de Laplace, avant le détachement de l'anneau de Vénus ; et enfin, comme nous le verrons (art. 3e), il s'en faut qu'on soit fixé sur la vitesse de refroidissement du Soleil ou de la Terre, aussi bien que sur les 20 millions d'années réclamés par les géologues stratigraphistes.

---

(1) Faye, d'autre part, crée, d'après le sens de la rotation, deux groupes qui différeraient par leur date de formation, mais qui brisent tous les autres éléments naturels de classification (§ 4e, II, 3°).

(2) Ajoutons que la théorie de Laplace, précisée, admet la possibilité d'anneaux intérieurs.

Conclusion.

Les questions mécaniques, sans parler des autres (physiques, chimiques, thermodynamiques), que soulève l'hypothèse nébulaire, sont trop délicates, trop compliquées, pour recevoir de la science actuelle des solutions qui fassent sortir cette hypothèse d'un certain vague. La confusion primitive des éléments du système solaire dans une masse diffuse, douée d'un mouvement giratoire commun, est le point essentiel : il semble que la théorie de Laplace, amendée, maintient mieux que celle de M. Faye cette unité primordiale.

ARTICLE DEUXIÈME

HISTOIRE ET GRANDES LIGNES DE LA GÉOLOGIE

Terra, de aqua et per aquam consistens Dei verbo, per quæ ille tunc mundus aquâ inundatus periit.
(II *Petr.* III, 5, 6.)

TABLEAU SYNOPTIQUE

État de la question	§ 1er		
Premières écoles	§ 2e	Neptunisme et Plutonisme	I, II, III
Écoles nouvelles	§ 3e	Causes actuelles et Catastrophes	I, II, III
Grandes lignes de la Géologie	§ 4e	Première écorce	I
		Dislocations et dénudations	II
		Deux séries de formations	III
		Fossiles	IV
		Classification des assises	V

§ 1er. — État de la question.

L'antiquité ne disposait d'aucune donnée expérimentale, non plus sur l'origine des mondes que sur la formation de la Terre. Certains philosophes faisaient tout sortir d'un chaos primitif, en partant de l'air, de l'eau ou du feu, sans autre appui que des vues théoriques ou de vagues traditions. Les cieux d'ailleurs ne se présentaient, aux yeux de plusieurs, que comme de légères superstructions de l'édifice terrestre. D'autres, avec Aristote, croyaient à l'éternelle subsistance du monde, tel que nous le voyons : les cieux incorruptibles roulaient de toute éternité dans leurs sphères sous l'action du premier moteur immobile, Dieu sans doute ; les choses sublunaires, dépendantes des mouvements célestes, roulaient aussi dans un cycle presque invariable de générations et de corruptions.

Jusqu'au dix-septième siècle, la science, presque toute *à*

priori, en resta là. C'est alors que les observations sérieuses de Sténon sur les couches terrestres donnèrent naissance à la *géognosie* (1) positive et commencèrent à fournir des bases à une *géogénie* (2) scientifique. La pioche des mineurs, les coupures naturelles fournies par l'érosion des vallées, et plus récemment les tranchées des chemins de fer, mirent à la disposition d'une attention éveillée des moyens de rétablir une série de phénomènes anciens et de constituer une véritable histoire pré-humaine du globe, une histoire de son évolution à partir d'un état rudimentaire. Le géologue possédait, pour nous raconter l'évolution de l'écorce terrestre, ce qui manque encore au cosmologue (fût-ce un Kant, un Herschell, un Laplace, un Faye) pour nous présenter une histoire anté-terrestre des mondes.

Nous sortons donc, avec la géologie, du domaine des hypothèses presque gratuites. Cette nouvelle science, dont nous avons donné, dans un premier volume, le précis élémentaire, nous allons ici en présenter en raccourci les tâtonnements, les controverses et les conclusions les plus générales.

---

§ 2e. — Premières écoles : Neptunisme et Plutonisme.

Les *Neptunistes*, appuyés sur des traditions cosmogoniques ou diluviennes, attribuaient presque tous les faits géologiques à l'action directe ou indirecte des eaux.

Les *Plutonistes*, arguant des éruptions volcaniques et des tremblements de terre, attribuaient presque tout aux projections et aux efforts mécaniques d'un feu central.

I. Neptunisme.

1° *Elément incontestable :* *Formation des couches fossilifères par l'eau.*

1° Les *Anciens* reconnaissaient l'origine à la fois organique et marine des empreintes de coquilles (Fig. 10) que l'on ren-

---

(1) Géognosie : Connaissance de la Terre, c'est-à-dire de sa structure interne.
(2) Géogénie : Genèse ou formation du sol terrestre.

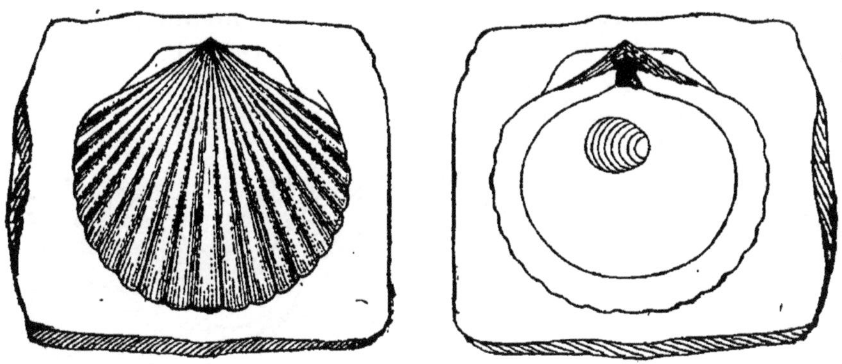

Fig. 10. — Moules externe et interne de *Pecten æquivalvis* (Lias).

contre, même à de grandes hauteurs, dans les montagnes. Ainsi Xénophon, 500 ans avant l'ère chrétienne. Ainsi Ovide (*Métam.* XV, 262) :

. . . . Vidi factas ex æquore terras,
Et procul a pelago conchæ jacuêre marinæ.

Albert-le-Grand, au XIIIe siècle, soutient cette thèse. Léonard de Vinci, au XVe, Frascatore et *Bernard Palissy* (1) au XVIe, commencèrent à la réhabiliter contre l'opinion qui avait prévalu dans l'Ecole et qui attribuait les empreintes, sous le nom de *jeux de la nature*, à des actions sidérales.

2° Quelle cause a porté ces coquilles au sommet des montagnes ? Les Pères y virent naturellement des témoins du déluge : « Adhuc maris conchæ et buccinæ peregrinantur in montibus, cupientes Platoni probare etiam ardua fluitasse. » (Tertullien, *de Pallio*, II.) — Cette préoccupation retarda même, de la fin du XVIIe siècle au milieu du XVIIIe, l'essor de la géologie ; elle était, en effet, un obstacle à l'idée des couches régulières et successives.

Cependant, dès le milieu du XVIIe siècle, *Sténon* (2), qu'on peut appeler le *fondateur de la géologie*, établit, par des observations persévérantes, faites en Italie, l'existence d'une *succes-*

(1) Il s'offrait à prouver, contre tous les docteurs de Sorbonne, que les fossiles sont des débris d'organismes ayant vécu au lieu même où on les trouve, ce pendant que les rochers n'étaient que de l'eau et de la vase, lesquels depuis ont été pétrifiés après que l'eau a défailly. (*Cosmos*, 18 février 1893, p. 374).

(2) Danois de patrie, il s'était réfugié en Toscane, à la suite de sa conversion du luthéranisme. Il mourut évêque missionnaire en Allemagne.

sion régulière de couches fossilifères, les unes marines, les autres d'eau douce (Fig. 11 : 1 à 10). Il les répartit en six époques

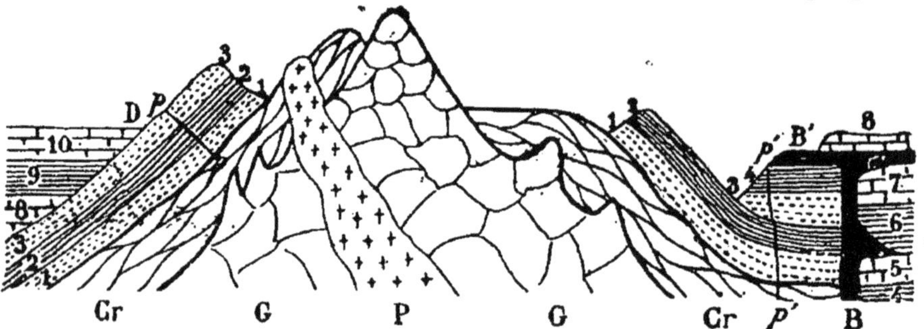

Fig. 11. — G,P, roches massives : porphyre (P) injecté dans granite (G). — Cr, roches cristallophylliennes, — 1 à 10, roches sédimentaires. — D, discordance. — B, faille injectée de basalte.

de la nature et les appela *secondaires*, comme formées après les roches cristallines et azoïques, lesquelles étaient à ses yeux de création tout à fait primitive (Fig. 11, G, P, Cr).

L'Ecossais *Hutton* donna en 1785 une *Théorie de la Terre*(1), où les vues les plus élevées sur les causes finales des faits géologiques le conduisaient à une intuition anticipée de leur véritable caractère. Il reconnaissait le grand phénomène de la *destruction des roches par les eaux*, la nature détritique des

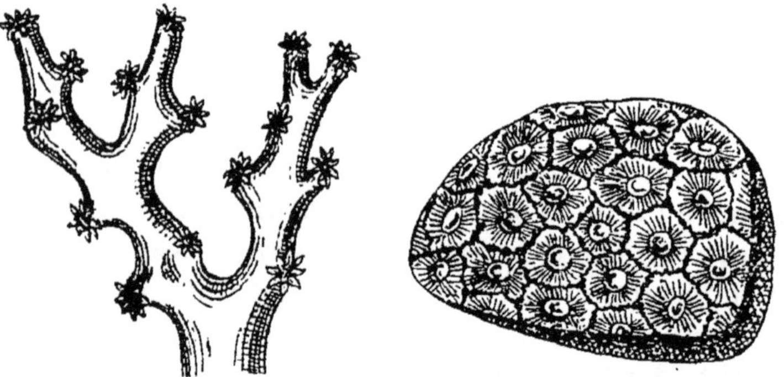

Fig. 12. — Polypiers constructeurs, branchus (Dendrophyllia) et massif (Astrœa).

grès, l'origine organique des calcaires (Fig 12), la *formation sous-marine des roches stratifiées*.

(1) « Théorie de la terre ou Recherche des lois observables dans la composition, la dissolution et la reconstruction des roches à la surface du globe » lue en 1785 à la Société royale d'Edimbourg, imprimée en 1788 (*Revue des Questions scientifiques*, juillet 1891, p. 194).

2° *Éléments abandonnés.*

Buffon, plutoniste pour le soulèvement des premières montagnes, suppose le noyau éteint et se montre neptuniste dans l'explication des phénomènes ignés actuels, à la manière du suivant.

Werner, professeur à Freyberg en Saxe, second père de la géologie ou géognosie d'observation, reproduit, en 1791, et appuie de sa grande autorité les principales conceptions du *neptunisme le plus complet* :

1° Les montagnes cristallines n'ont pas été soulevées et sont de création primitive ;

2° Les sédiments se sont formés par précipitations chimiques en se modelant sur les pentes et les plis du fond ;

3° Les mouvements de la mer ont fait, par endroits, succéder des phénomènes d'érosion à ceux de précipitation : de là des changements dans la pente (1) et des discordances de stratification (Fig 11) ;

4° Les filons métallifères (Fig 13) ont été remplis d'en haut par des matières sédimentaires ;

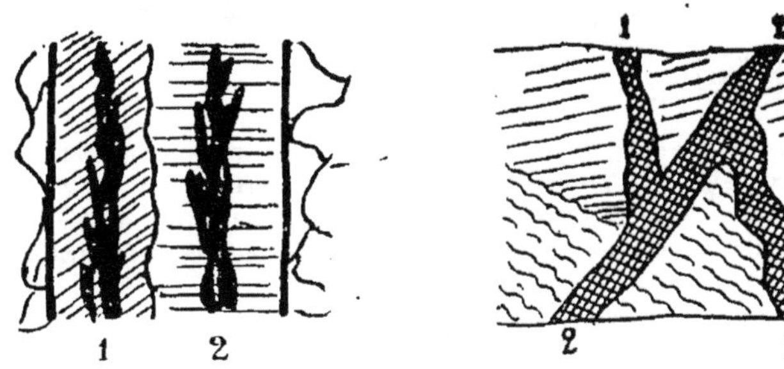

Fig. 13. — Filons métallifères. — A gauche : 1, filon de pyrite (FeS^2) dans une gangue de quartz ; 2, filon de galène (PbS) dans une gangue de calcite et barytine, formé dans un élargissement de la première fente ; à droite, filon 2, rejetant, mais injectant la fissure ancienne 1, 1.

5° Les volcans et les tremblements de terre sont dus à la réaction des eaux d'infiltration sur des matières oxydables ; ce sont des phénomènes superficiels sans généralité et sans importance.

Le voyageur Russe *Pallas*, vers la même époque, attribuait bien les montagnes fossilifères à des soulèvements, mais il rat-

(1) Cette vue suppose que les sédiments récents seraient en général plus inclinés que les anciens, ce qui est contraire aux faits.

tachait ces soulèvements à des phénomènes volcaniques entendus à la manière de Werner.

II. Plutonisme.

Lazzaro Moro, frappé des éruptions de Santorin en 1707 (Fig. 14), attribua toutes les couches à des dépôts de cendres volcaniques sur la terre ou au fond de la mer. — Il existe réellement des couches qui sont de véritables brèches ou tufs éruptifs, remaniés et égalisés par les eaux, et contenant même des fossiles ; mais la thèse absolue de Lazzaro Moro était trop contraire, pour faire école, à l'observation sérieuse des sédiments, des calcaires notamment.

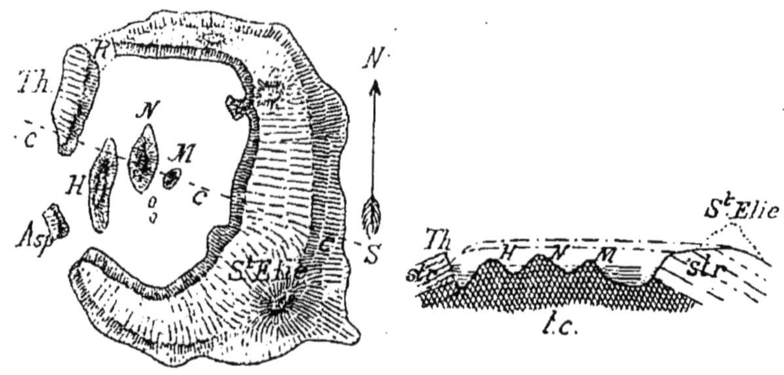

Fig. 14. — Santorin. — A gauche, carte ; à droite, coupe suivant la ligne ccc. Asp, Aspronisi ; Th, Thérasia ; R, rupture arrivée l'an — 236 ; H, Hiéra, surgie en — 186 ; M, Micra-Kaméni, surgie en 1573 : N, Néa-Kaméni de 1707 à 1890 ; l, c., laves compactes ; str. coulées et tufs stratifiés.

Le plutonisme se réduit aujourd'hui aux deux points suivants :

1° *Un fait incontestable :* le *redressement des couches primitivement horizontales.* Dès le XVIIe siècle, *Sténon* démontrait l'horizontalité primitive (Fig 15) ; à la fin du XVIIIe siècle, *de Saussure*, célèbre explorateur des Alpes, répétait cette démonstration. Les schistes cristallins eux-mêmes portent les signes de plissements et de bouleversements : il n'y a donc point de montagnes primitives.

2° Une *théorie difficile à contredire.* Elle attribue les redressements de couches ainsi que l'alimentation des foyers volcaniques, au *jeu d'une masse ignée*, interne. *Descartes* l'avait devinée.

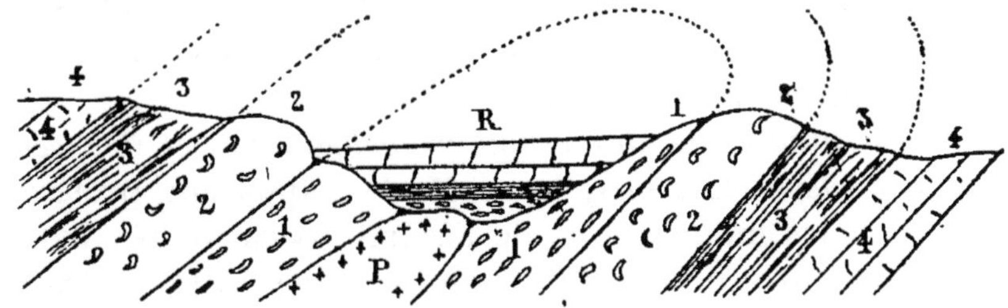

Fig. 15. — Pli couché à voûte dénudée et remplacée par des sédiments récents (R). — P: roche ignée occupant l'axe. — 1, 2, 3, 4 : couches du pli : la série de droite est renversée, comme l'indique le renversement des coquilles dans la couche 2.

Hutton en avait posé les bases en opposant au travail de dénudation et d'ameublissement par les eaux celui de consolidation et de soulèvement par le feu central. Ses vues, il est vrai, passèrent presque inaperçues, contredites qu'elles étaient par l'école alors toute-puissante de Werner. Ce furent pourtant des disciples de Werner, *Alexandre de Humboldt* et *Léopold de Buch*, qui, au commencement du XIXe siècle, donnèrent l'impulsion au mouvement plutoniste.

III. Conclusion.

Le plutonisme actuel s'accorde parfaitement avec un neptunisme restreint ; aucune théorie géologique ne contredit aujourd'hui la tradition consignée dans l'épigraphe de cet article, d'après laquelle la terre ferme est sortie des eaux, sous lesquelles et par lesquelles elle avait été élaborée.

Quelques points seulement restent sérieusement controversés. Nous rappelons les deux principaux.

1. *Origine des roches cristallines à demi stratifiées* (gneiss et micaschistes) (Fig. 11, cr) qui semblent être le substratum général des strates fossilifères. Les uns en font la première croûte refroidie du noyau igné liquide ; d'autres (sans parler des opinions intermédiaires) n'y voient que des couches sédimentaires et même fossilifères, métamorphisées après coup par diverses actions ignées. (Hutton fut le précurseur de Lyell dans cette théorie d'un métamorphisme général.) Mais les premiers admettent encore ici l'action de l'eau, comme dissolvant aidant la chaleur ; les seconds, l'action du

feu, faisant suite à celle de l'eau. Ceux-ci reconnaissent d'ailleurs, comme disparue il est vrai ou inaccessible, une croûte primitive d'origine ignée.

2. *Cause immédiate des éruptions volcaniques et des tremblements de terre.* Les uns, avec M. de Lapparent, préfèrent la voir dans les mouvements de l'écorce, occasionnés par le refroidissement croissant du noyau igné ; les autres à l'extrémité opposée, se ralliant à l'opinion de M. Daubrée, la mettent dans des infiltrations marines, sources de vapeurs explosives.

Nous voyons, dans ces deux controverses, un reste adouci des anciennes divergences plutonistes et neptunistes, mais rattachées aux points de vue nouveaux que nous avons maintenant à exposer.

---

§ 3e. — Écoles nouvelles : Causes actuelles et Catastrophes.

Définitions.

Théorie des causes actuelles : Les phénomènes qui se passent sous nos yeux (appelés par les Anglais *actuels*, mais avec une nuance d'acception qui équivaut à *réels*) sont les seuls dont nous puissions nous rendre compte et par lesquels nous devions chercher à expliquer le passé géologique. Cette école prendrait volontiers pour devise l'objection qu'on faisait, du temps de saint Pierre, à l'annonce d'une catastrophe finale : « *Omnia sic perseverant ab initio creaturæ* » (II, Petr. III, 4). Comme les phénomènes actuels ont généralement un cachet de *calme* et de *lenteur*, le nom de *quiétisme* (1) caractériserait bien l'école. Constant Prévôt et l'éminent géologue Anglais *Lyell* ont été les promoteurs de ce système.

Théorie des catastrophes : Beaucoup de phénomènes anciens ont différé de ceux d'aujourd'hui par leur nature ou par leur *violence*. Elle regarde particulièrement les *soulève-*

---

(1) Les deux sobriquets de *quiétistes* et de *convulsionistes*, empruntés à des erreurs religieuses, sont propres à frapper l'esprit des élèves ecclésiastiques, mais il ne convient pas de les employer habituellement. Les noms d'*actualistes* et de *catastrophistes* vaudraient peut-être mieux.

ments de montagnes comme de *véritables catastrophes*, qui ont apporté des *changements rapides* dans le relief et l'étendue des terres, dans les conditions et les types de la vie, etc. Le nom de *convulsionisme* lui a été parfois donné (1). Elle s'autorise du grand nom Français d'*Elie de Beaumont.*

Nous allons discuter les principes et les conclusions de ces deux écoles.

I. Les causes actuelles.

Il est gratuit, même faux, de supposer que tous les phénomènes anciens ont été semblables aux phénomènes actuels ; car les mêmes lois générales doivent produire des effets différents dans des conditions différentes, et, avec l'hypothèse nébulaire, admise par tous les géologues, il y a eu certainement une période où les conditions ont considérablement varié. Il vaudrait donc mieux renoncer à tout expliquer que de recourir à des analogies forcées ; mais l'induction, l'expérience même permettent de se rendre un certain compte des faits anciens.

Ramenons à deux classes les assertions actualistes : lenteurs des phénomènes, identité des phénomènes.

1° *Lenteur des phénomènes.*

1. *Les grandes érosions et alluvions quaternaires* (Fig 16) *sont le fruit d'actions prolongées à travers des centaines de siècles.* — Réponse : La largeur des vallées ou des lits majeurs de nos fleu-

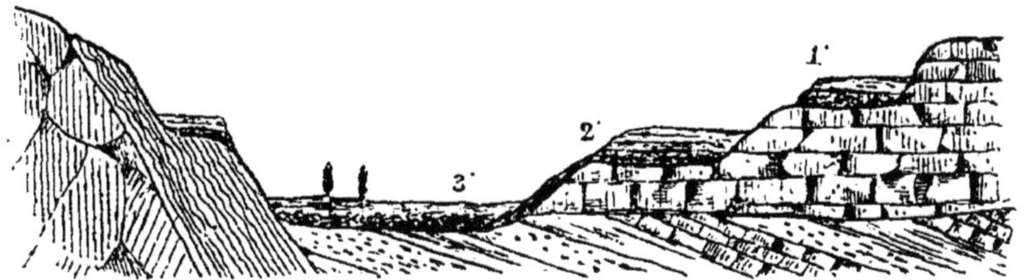

Fig. 16. — Vallée d'érosion : 1° terrasse ancienne ; 2° terrasse moyenne ; 3° terrasse moderne.

ves suppose des courants érosifs bien supérieurs en volume à ce que nous voyons maintenant dans leurs plus grandes crues ; les débris roulés qui couvrent la Crau, la Camargue, le Sahara, si loin des montagnes d'où ils proviennent, attestent la violence

(1) Voir note 1, page 36.

inouïe des eaux torrentielles. Les causes actuelles elles-mêmes, sérieusement interrogées, nous donnent la solution : on a vu des inondations violentes, des débâcles glaciaires couvrir subitement une vallée d'un dépôt épais de limon, de graviers ou même de galets ; c'est là comme un retour offensif des vieilles énergies. — L'insignifiance ordinaire du travail actuel s'explique par cette loi que *les forces naturelles s'affaiblissent par leur exercice même.* Nous sommes loin de l'époque où le surgissement des grandes montagnes, entre autres causes, donna une impulsion prodigieuse aux phénomènes diluvio-glaciaires. Les torrents (Fig. 17, 18) ont vu leur bassin de réception creusé en cirque jusqu'aux roches dures, ou bien envahi par une végétation qui tamise et débite lentement les eaux pluviales ; en même temps, leurs propres déjections, en s'élevant, ont adouci la pente inférieure ; ils ne roulent souvent plus que des eaux amoindries, limpides, relativement tranquilles et inoffensives. Les rivières, avec leur pente réduite jusqu'au cœur des massifs, avec leur faible alimentation torrentielle, ont pris un cours plus ou moins tranquille.

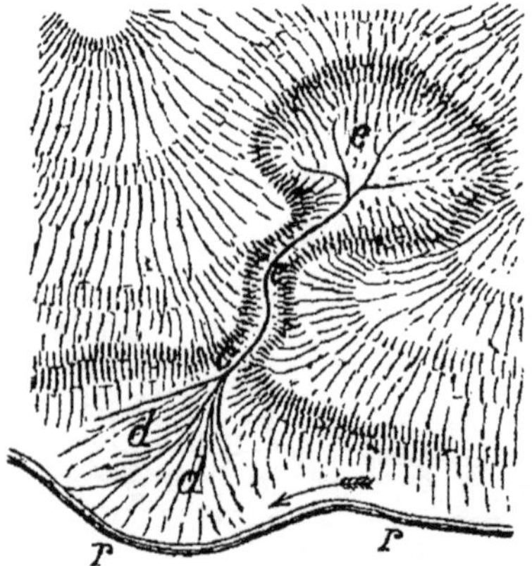

Fig. 17. — Torrent (plan). — e. entonnoir ; cc, couloir ; dd, cône de déjection ; rr, rivière,

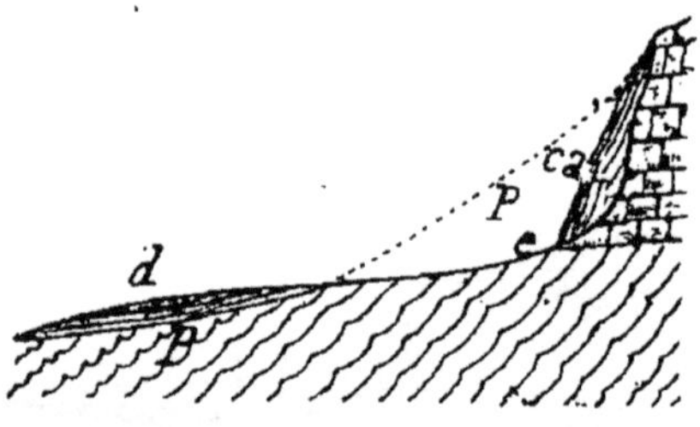

Fig. 18. — Torrent (coupe longitudinale). — pp, pente primitive ; de, pente finale ; ca, cascade.

2. *La grande puissance des sédiments marins n'a d'autre cause que la longue durée de leur formation.* — La réponse est à peu près la même. Beaucoup de sédiments mécaniques anciens, même à éléments grossiers, sont non seulement plus épais, mais beaucoup *plus étendus* que les actuels. Ce dernier

caractère ne s'explique que par la plus grande force des courants ou par des déplacements incessants des rivages dans le bassin de dépôt ; l'une ou l'autre hypothèse suppose une époque de trouble et d'instabilité, contrairement au principe de l'école de Lyell. Dès qu'il faut admettre cette cause pour l'extension des dépôts, elle explique du même coup leur épaisseur. De fait, un étage en discordance avec le terrain sousjacent, par suite d'une dislocation qui a redressé celui-ci, présente généralement à sa base une formation arénacée considérable, suivie d'une formation limoneuse. On voit là les fruits d'une érosion puissante exercée sur des roches récemment émergées, mal consolidées souvent et toujours à arêtes vives. Peu à peu la montagne s'abaisse, ses contours s'émoussent, sa charpente se durcit : alors les organismes (coraux, foraminifères) envahissent le centre du bassin maritime, et leurs lentes formations calcaires commencent la lutte avec de minces dépôts argileux, fossilifères aussi.

3. *Les montagnes se sont soulevées par des mouvements insensibles*, comme ceux qui font aujourd'hui osciller le niveau des rivages. *Les grandes failles* (1) *sont dues à la multiplication de petits glissements le long des fentes*, tels qu'il s'en produit encore dans les tremblements de terre (Fig. 19). — Ces assertions

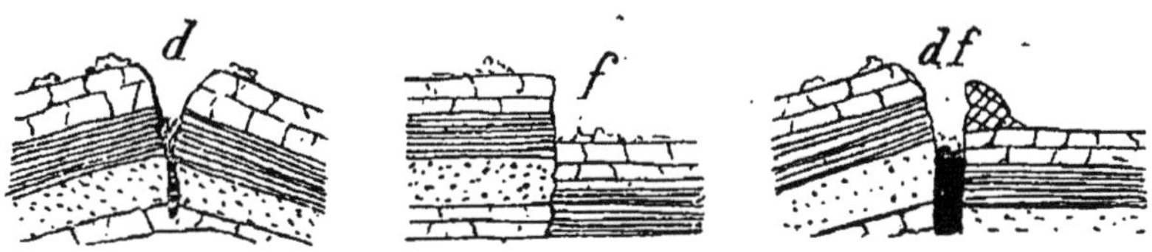

Fig. 19. — Effets des tremblements de terre. — Fissures, avec : d, redressement de couches ; f, faille : df, les deux effets réunis.

sont contredites par les caractères des dislocations. Les plissements très lents ne peuvent expliquer la netteté ordinaire des discordances stratigraphiques (Fig. 11 et 15) et paléontologiques, et n'ont pu produire les froissements énergiques qui ont déterminé le métamorphisme régional (2). L'accumula-

(1) Rupture d'une série de couches avec changement de niveau, une des lèvres de la fente étant plus élevée que l'autre (Fig. 19, 20).

(2) La chaleur se serait dissipée au fur et à mesure de sa production, et il ne resterait à invoquer que l'effet de la compression, pour expliquer la cristallisation qui affecte toute une *région* disloquée.

tion de dénivellements de quelques mètres, tels qu'en produisent les tremblements de terre actuels, tantôt dans un sens, tantôt dans un autre, ne réaliseront jamais ces failles simples de plus de mille mètres, si fréquentes dans les Alpes, dans les Pyrénées et un peu partout (Fig. 20). — On peut d'ailleurs

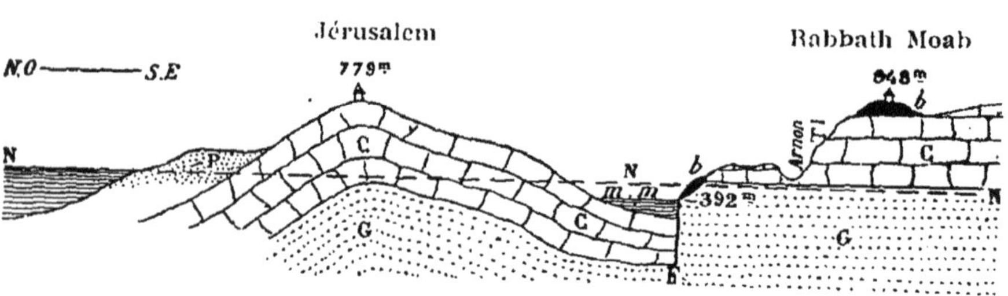

Fig. 20. — Coupe de la Palestine : N. N., niveau de la Méditerranée ; mm, Mer Morte ; F, faille ; G, grès de Nubie (crétacé) ; C, craie à silex (crétacé supérieur) : P, sable à petoncles (quaternaire) ; b, b, basalte.

se demander si les plissements du sol appartiennent bien, d'une manière quelconque, à l'ordre actuel. Les oscillations des rivages sont si faibles, si indécises, qu'on ne peut guère, dans chaque cas particulier, déterminer si elles proviennent du sol plutôt que de la mer, si elles n'ont pas une cause toute superficielle dans les variations de température du sol ou des eaux. Sans doute, il y a un effort de compression horizontale

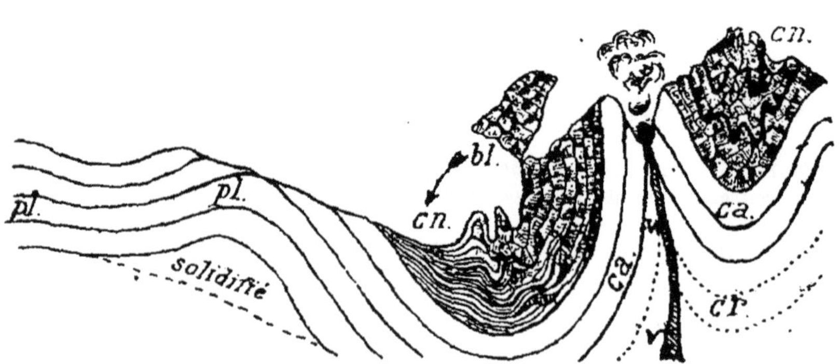

Fig. 21. — Pl. plis anciens ; ca, ca, couches anciennes nouvellement et fortement ployées ; cr, couches ramollies ; vv, cheminée volcanique ; cn, couches nouvelles contournées ; bl, paquet calcaire renversé sur les sédiments détritiques.

de l'écorce par suite du refroidissement du noyau ; mais c'est là une donnée d'induction plutôt que d'expérience, c'est là surtout, comme cause actuelle, un simple effort tendant au plissement, sans qu'on puisse prouver la réalité du plissement lui-même. La courte période de calme où est renfermée jusqu'ici l'histoire de l'humanité a été précédée et sans doute préparée, assurée par les dislocations puissantes de la fin du Tertiaire (Fig. 21). Qui sait si des efforts obscurs, des tensions croissantes équilibrées jusqu'à présent par le poids des massifs, n'aboutiront pas un jour à une catastrophe d'autant plus violente qu'elle aura été plus longtemps retardée par l'épaisseur et la compacité actuelles de l'écorce.

2° *Identité de nature des phénomènes.*

Les actualistes ne nient point la formation d'une première croûte dans des conditions toutes particulières. Mais ils prétendent que cette première croûte est devenue méconnaissable par suite de remaniements nombreux et même de refontes. Ils ajoutent même que les premiers sédiments fossilifères sont devenus, par un profond et universel métamorphisme, ces roches cristallophylliennes que nous appelons primitives et azoïques ; la série fossilifère connue ne représenterait qu'un dernier stade de la vie, accompli dans des conditions presque actuelles.

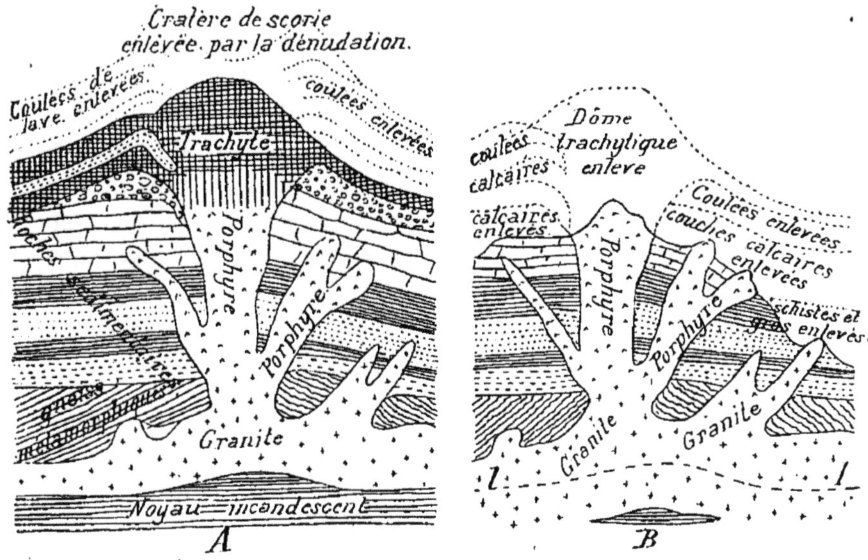

Fig. 22. — Théorie de Lyell, sur les différences des roches éruptives. — A, le cratère et les coulées superficielles sont seuls enlevés : B, la dénudation plus avancée met au jour le porphyre et même le granite. En B, le granite hypogée s'est accru au-dessous de la ligne *l l*.

Leur thèse devient ainsi une question de fait plutôt que de principe. Leurs raisons principales sont : 1° La ressemblance de nos roches primitives avec des roches certainement métamorphiques ; 2° l'analogie des granites qui les injectent avec la base hypogée des roches éruptives des divers âges, base mise çà et là au jour par des dénudations (Fig. 22) ; 3° l'absence apparente de stades rudimentaires dans l'évolution des êtres vivants, stades sans doute effacés par la métamorphose ignée trop profonde des sédiments les plus anciens.

Réponse : 1° Nous avons fait observer, dans nos *Notions de géologie*, que l'écorce primitive, cristalline et azoïque, devait être trop épaisse pour disparaître entièrement et pour permettre le métamorphisme universel des premiers sédiments. 2° Les granites contemporains des gneiss portent comme eux certains signes de consolidation, par voie hydro-thermale, à une température assez basse (vers 300°), ce qui dénote le migma superficiel primitif du noyau igné et n'est pas le cas de certaines roches hypogées cristallines (porphyres, etc.) de date plus récente. 3° Quant à la raison évolutioniste, elle contient une pétition de principe dont la discussion reviendra à l'art. 4e. — Nous ajoutons ici trois observations, qui visent directement les *causes actuelles*. 1° Le métamorphisme général n'est pas une cause actuelle observable ; tout au plus, dans la théorie invraisemblable des mouvements périodiques de bascule, en conjecturerait-on, par pure hypothèse, quelque continuation infinitésimale dans les plus grandes profondeurs de l'écorce, sous les terres ou les fonds de mer en voie peut-être d'affaissement ; 2° La série paléontologique, à partir de la faune primordiale du Cambrien, manifeste un progrès considérable dans les conditions de la vie et par conséquent une évolution de l'écorce terrestre et de ses enveloppes, évolution qu'il devient inutile de rejeter dans un passé totalement effacé ; pour un esprit non prévenu d'évolutionisme absolu, le raccordement insensible avec des temps vraiment azoïques ne laisse rien à désirer ; 3° Le temps accordé par les théories cosmogoniques pour cette évolution ne permet guère (comme nous le verrons dans l'art. suivant) de reculer au delà du Cambrien le début de la vie et, par suite, l'ère des causes actuelles.

II. Les catastrophes.

Cette école a réduit ses prétentions. Elle a notamment abandonné :

1° Le soulèvement des montagnes par explosion (Léopold de Buch) ;

2° Les cratères de soulèvements, reste de cette idée (Elie de Beaumont) : la formation des cônes volcaniques rentre ainsi (sauf l'intensité) dans les causes actuelles (Fig. 23) ;

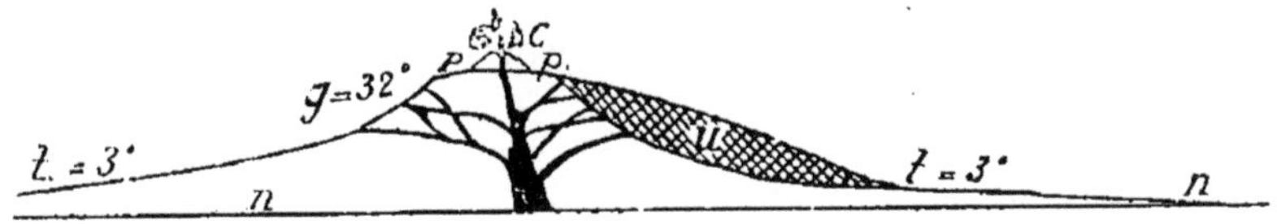

Fig. 23. — Coupe de l'Etna : n, niveau de la Méditerranée ; t, talus de coulées et de cendres ; g, gibbosité (scories entrecoupées de laves) ; c, cône terminal de scories ; p, Piano del Lago ; U, Val del Bove, peut-être produit par explosion d'un second sommet.

3° L'absence de mouvements préparatoires et de phases diverses souvent très espacées, dans le surgissement des chaînes ;

Elle maintient les deux propositions suivantes :

1° *Certains phénomènes anciens, analogues à ceux d'aujourd'hui, les ont dépassés en violence et en grandeur.* Telles les anciennes formations arénacées (grès, poudingues), les érosions et alluvions quaternaires (Fig. 16), les éruptions volcaniques pliocènes (1) ;

2° *D'autres, par l'ensemble de leurs conditions, ont présenté une physionomie profondément différente de celle des faits actuels.* Telle la formation du gneiss, du granite, le surgissement des montagnes (Fig. 21).

III. Conclusion.

Nous acceptons ces propositions. Elles ne sont d'ailleurs que des applications d'une formule plus générale et incontestable, adoptée par M. de Lapparent :

(1) Période de l'ère tertiaire immédiatement antérieure à l'ère quaternaire et moderne : voir le tableau des terrains à la fin de cet article.

L'écorce terrestre a progressé d'un état chaotique et instable vers un état d'organisation relativement parfaite et stable. — Les forces géogéniques, à mesure qu'elles avançaient leur travail, perdaient nécessairement leur caractère primitif et leur intensité. Les reliefs, malgré des phases de dénudation (Fig. 24), s'accentuaient par soubresauts, de manière à procu-

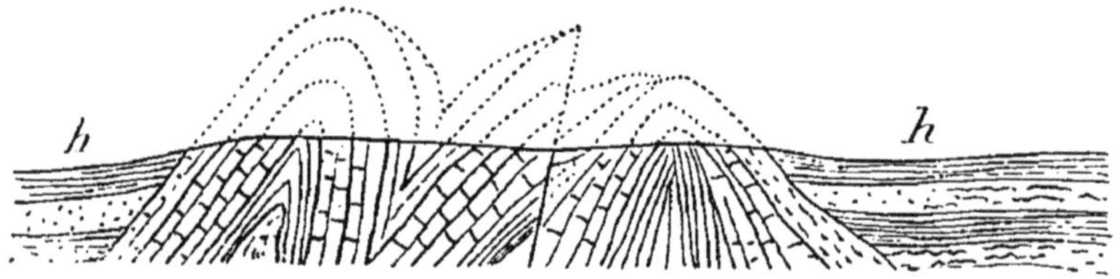

Fig. 24. — Montagne de soulèvement, nivelée par une érosion prolongée. Les couches horizontales hh, proviennent de cette dénudation.

rer de plus en plus l'arrosement régulier des continents, la variété des climats et de la vie. Le sol, épaissi et fortement charpenté, devenait stable pour longtemps. Les roches, en se diversifiant, et les filons, en se remplissant, préparaient à l'industrie des richesses inépuisables. Les émanations méphitiques se restreignaient à quelques localités fameuses, telles que la Vallée de la Mort (à Java) ; et l'atmosphère épurée permettait aux animaux supérieurs de peupler la terre, à l'*homme* enfin de prendre possession de ce beau domaine. Tout, en un mot, a marché vers un *but utile*, avec un *ordre où se révèle la sagesse du Créateur.*

§ 4e. — **Grandes lignes de la géologie.**

I. Première écorce.

Indépendamment des hypothèses cosmogoniques sur les états antérieurs du globe terrestre, nous le prenons au moment de la formation de sa première écorce solide.

Tout porte à croire qu'à ce moment la surface du noyau igné avait déjà perdu son incandescence, et n'était maintenue à l'état liquide que par le concours de l'eau chaude sous pression. L'eau, en effet, ne peut subsister à l'état liquide qu'à une température inférieure à 300° environ, et c'est à cette température que, sous le poids énorme des vapeurs de l'atmosphère primitive (400 fois la pression atmosphérique actuelle), put se former, aux dépens de ces mêmes vapeurs, le premier océan, océan alors sans rivages.

C'est aussi vers cette température, aux dépens d'un migma à l'état de fusion hydrothermale, que se forma la première écorce de roches cristallines, roches justement appelées *primitives* et que nous croyons représentées par les gneiss et les micaschistes sous-jacents aux plus anciens terrains sédimentaires.

II. Dislocations et dénudations.

A partir de cette époque, deux systèmes de forces travaillèrent, les unes à former, les autres à détruire les reliefs.

D'une part, la contraction du noyau liquide par refroidissement amenait de temps en temps des plissements et dislocations de l'écorce. Ces mouvements créaient des reliefs qui ne tardèrent pas à émerger (Fig. 25).

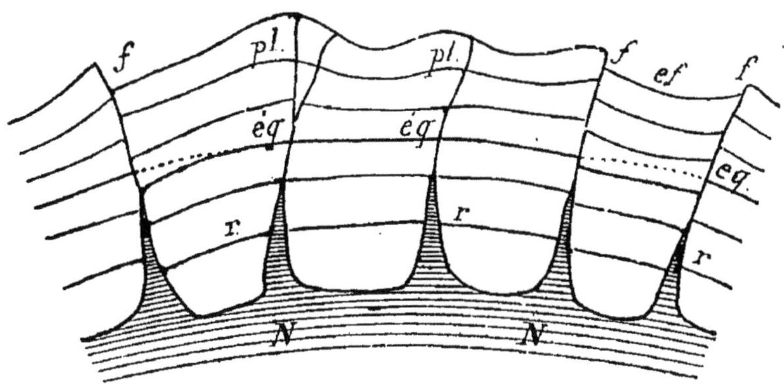

Fig. 25. Schéma de l'effet de la contraction du globe. — NN. noyau liquide ; r, couches où la contraction marche plus vite que l'affaissement ; éq, zone d'équilibre ; pl, couches refroidies et plissées par leur affaissement ; f, f, f, failles ; ef, effondrement d'une voûte.

D'autre part, les vagues de la mer (Fig. 26), et surtout les eaux atmosphériques sous forme de pluie, de torrents et de rivières, attaquaient ces reliefs, les dénudaient, comme on dit, (Fig. 24) et en portaient les débris dans les vallées et jusqu'à la mer.

Fig. 26. — Chute d'une falaise crayeuse : ee, entre-niveau des basses et hautes mers.

III. Deux séries de formation.

D'une part, le noyau igné doublait l'écorce, par dessous, de nouvelles nappes cristallines, produit de son refroidissement progressif (granites stratoïdes), et lançait, par des fissures, des

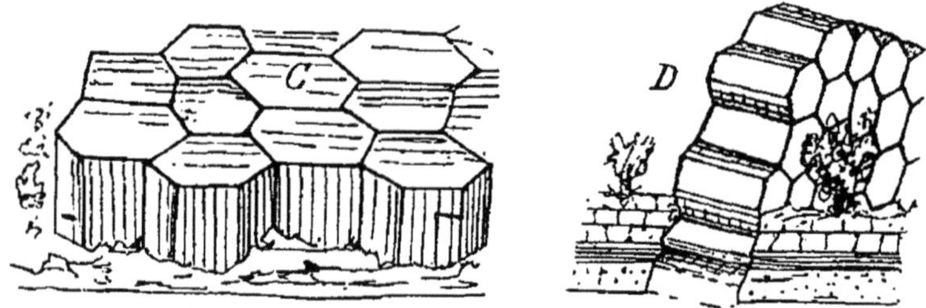

Fig. 27. — Basalte prismatique : C, en coulée dénudée, formant *chaussée des géants ;* D, en *dike.* (Les prismes sont toujours perpendiculaires au plan de coulée.)

masses fluides incandescentes, dont plusieurs s'épanchèrent en coulées à la surface (granites, porphyres, basaltes. Fig. 27). C'est la *série ignée*, principalement connue sous sa forme *éruptive.*

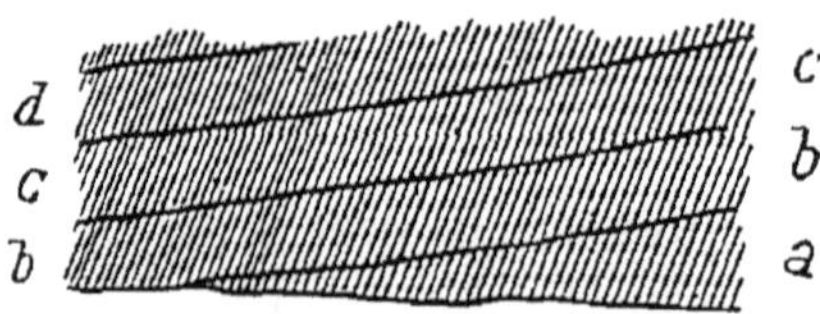

Fig. 28. — Couches de schiste ardoisier (a, b, c, d), à fissilité presque perpendiculaire, due à une compression énergique.

D'autre part, les matériaux provenant de la dénudation et les débris organiques formaient diverses couches ou assises sédimentaires, surtout sur les rivages et le fond des mers (Fig. 11, 15, pages 32 et 35). Ces couches étaient solides dès l'origine, comme les constructions coralliennes ; ou bien sont restées plus ou moins meubles, comme les sables, les argiles ; ou bien ont été durcies par diverses causes, comme les grès, les schistes (Fig. 28).

IV. Fossiles.

Divers êtres vivants, animaux et végétaux, se sont succédés à la surface du globe durant les temps géologiques. Ils ont laissé dans les couches leurs débris ou leurs empreintes : c'est ce qu'on nomme des *fossiles* (Fig. 29, 30).

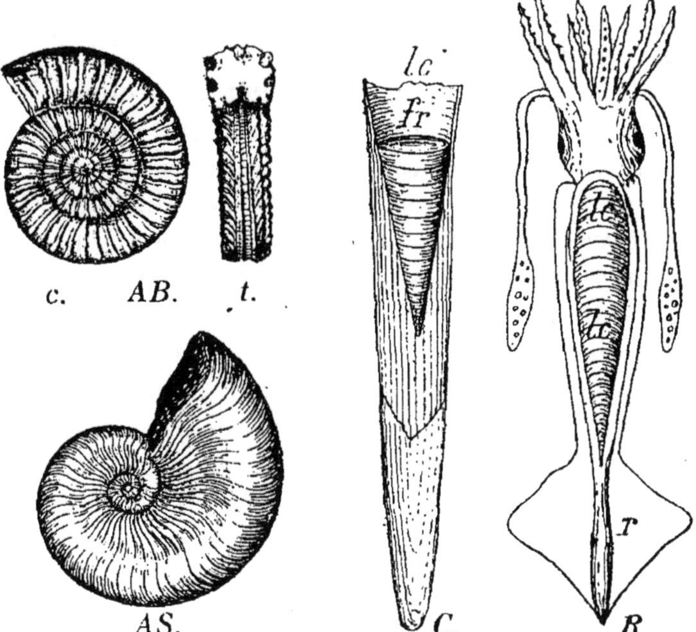

Fig. 29. — AB, ammonites bisulcatus ; t, tranche ; c, côté. — AS, ammonites serpentinus.

Fig. 30. — C, Rostre de bélemnite ; R, Bélemnites clavata restaurée : le rostre (r) et la lame cornée (lc. lc) sont cachés par la peau.

L'étude des fossiles (*paléontologie*) conduit à une loi importante : c'est la loi de la succession ordonnée des formes spécifiques, telle que la même espèce apparaît et s'éteint à une époque déterminée et cela sans retour.

L'étude des fossiles peut être faite dans deux buts différents :

1° *Histoire de la vie sur le globe :* c'est la *paléontologie proprement dite*, qui soulève la grave question de l'évolutionisme (art. 4e) ;

2° *Détermination de l'âge relatif des couches* à l'aide de fossiles bien caractérisés par leur forme et bien *caractéristiques* par leur profusion et leur durée restreinte. Cette utilisation suppose du reste que l'âge relatif des formes elles-mêmes a déjà été établi par leur succession suivant un ordre invariable dans des couches superposées et non bouleversées.

V. Classification des assises.

Les dislocations de l'écorce ont amené des interruptions et des discordances dans la succession et la disposition des dépôts (Fig. 11, 15, p. 32, 35). Cela permet de grouper les assises en étages, terrains et grands groupes, qui correspondent, dans le temps, à des époques, périodes et ères.

Nous avons vu que Sténon avait d'abord distingué les roches *primitives*, charpente cristalline des montagnes, et les roches *secondaires*, assises sédimentaires et fossilifères. *Secondaire*, dans cette première classification, était opposé à *primitif*. Bientôt, on distingua une série de couches, qui se rapprochaient des roches primitives par leur caractère généralement cristallin, et des roches secondaires par leurs fossiles, intermédiaires aussi, d'ailleurs, par leur âge : on les nomma *terrains de transition*. Des roches secondaires on détacha enfin des sédiments, souvent plus meubles (sables par exemple) et surtout contenant une faune apparentée de très près à la faune actuelle : ce furent les *terrains tertiaires*. Mais cette nomenclature manquait d'homogénéité. Il convenait de mettre à part les terrains azoïques (dépourvus essentiellement de fossiles) constamment cristallins et réputés appartenir à l'écorce de première consolidation par refroidissement ; puis de numéroter à partir de *un* les terrains sédimentaires. Cela était d'autant plus légitime que les prétendus terrains de transition sont loin d'être constamment cristallins On a donc adopté la nomenclature suivante.

A la base, *terrains cristallophylliens*, *primitifs* pour les uns (première écorce), *archéens* pour ceux qui y soupçonnent de simples sédiments métamorphiques.

Puis les *sédiments fossilifères*, répartis en *quatre ères :*

Ère *primaire* ou *paléozoïque* (autrefois *terrains de transition*), caractérisée par des types très archaïques d'êtres vivants (Fig.

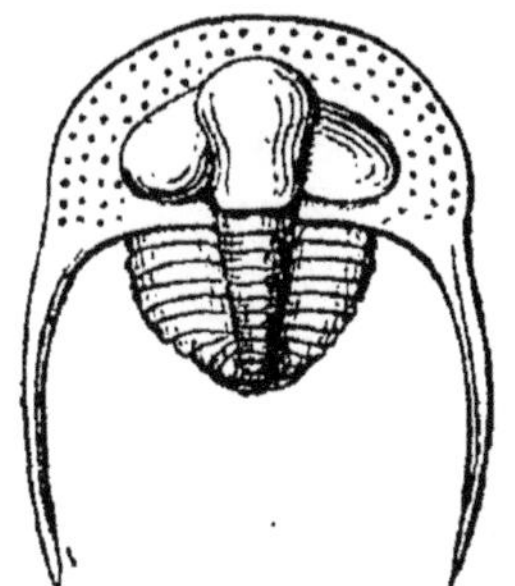

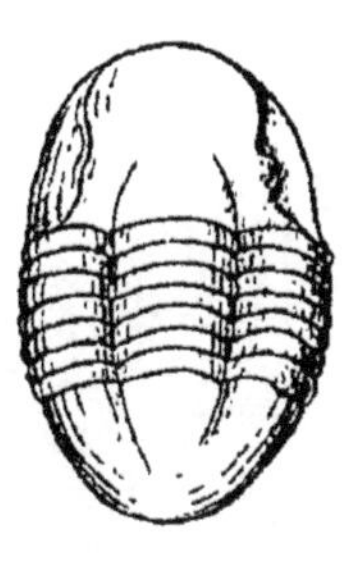

Fig. 31. — Tribolites :
Trinucleus (Silurien inférieur). — Illænus (Silurien inférieur). — Calymene (Silurien supérieur).

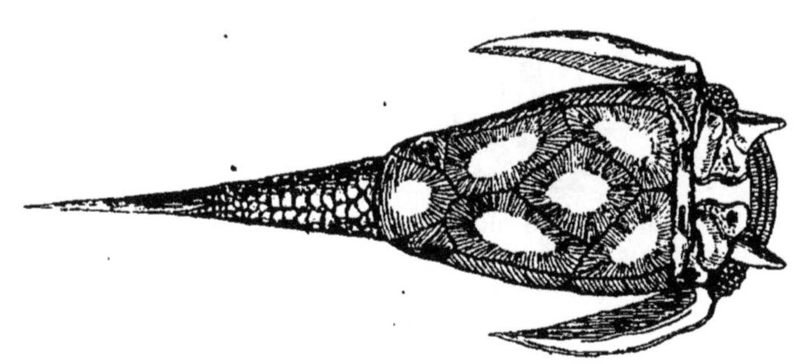

Fig. 32. — Poisson cuirassé (Ptericthys cornutus).

31, 32) avec absence des classes supérieures (oiseaux et mammifères, plantes phanérogames.)

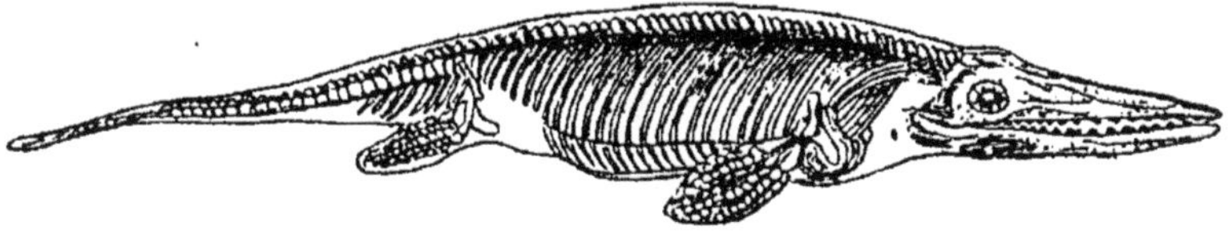

Fig. 33. — Icthyosaurus communis (du Lias) : 10 mètres.

Ère *secondaire* ou *mésozoïque*, caractérisée par la variété et la perfection des reptiles (Fig. 33, 34, 35), par des oiseaux à caractères reptiliens (mâchoire dentée, vertèbres caudales développées (Fig. 35 bis), et par l'absence totale de mammifères normaux (quelques marsupiaux seulement).

Fig. 34. — Iguanodon, ordre des Ornithopodes, classe des Dinosauriens (dans l'Infra-Craie, à Bernissart, entre Mons et Tournay). Longueur totale 9ᵐ50; la queue doit être prolongée de 2 mètres.

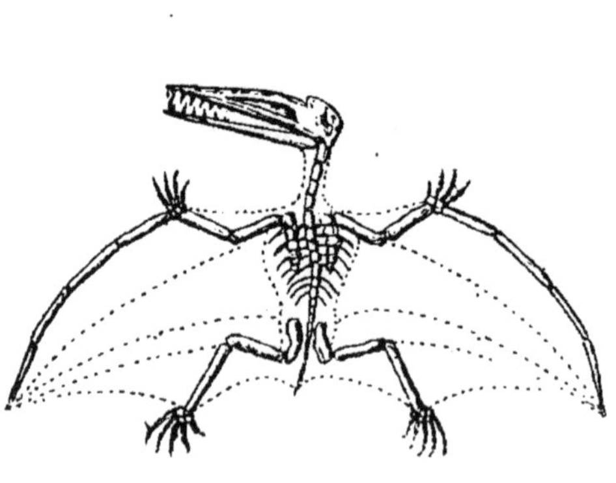

Fig. 35. — Pterodactylis elegans (1/2 taille) : dans le schiste de Solenhofen.

Fig. 35 bis. — Queue d'archæoptérix (mêmes schistes).

Ère *tertiaire* ou *néozoïque*, caractérisée par le grand développement des mammifères (Fig. 36, 37) et, en général, de tous les types organiques actuels.

Fig. 36. — Palæotherium restauré (d'après Cuvier).

Fig. 37. — Anoplotherium restauré (d'après Cuvier).

Ère *quaternaire*, simple et courte suite, au fond, de l'ère tertiaire, et qui n'a d'importance que par l'apparition de l'*homme* ainsi que par une époque de grands phénomènes glaciaires et alluvionnaires (Fig. 16), (*époque diluvio-glaciaire* ou *Quaternaire proprement dit*). Elle se continue par l'*époque actuelle.*

Nous reproduisons, ici, de nos *Notions de Géologie*, un tableau qui présente la division des *ères* en *périodes* et *époques*, avec leurs caractères paléontologiques principaux et les phénomènes ignés correspondants, et la pl. VII figurant les extensions glaciaires.

ÈRES	PÉRIODES (TERRAINS)	ÉPOQUES (ÉTAGES)	ORGANISMES CARACTÉRISTIQUES — INVERTÉBRÉS	VERTÉBRÉS	VÉGÉTAUX	EFFETS DE L'ÉNERGIE INTERNE — DISLOCATIONS	ÉRUPTIONS
Quaternaire (Homme)	*Pleistocène*	Actuel Diluvien	Espèces polaires				Cratères conservés
Tertiaire *Néozoïque* Mammifères	NÉOGÈNE — *Pliocène*	Subapennin	*Gastropodes et lamellibranches* Pectunculus	Eléphant Mastodonte	*Commencement, règne des angiospermes*	Effondrements *Alpes*	*Basaltes* *Trachytes* (Plateau central)
	Miocène	Falunien	Murex	Ruminants		Mgnes Rocheuses	*Basaltes* (Plateau central)
	ÉOGÈNE — *Oligocène*	Aquitanien Tongrien	Natica	Pachydermes		Vallée du Rhin	*Basalte* (*Provence*)
	Eocène	Parisien Suessonien	Cerithium Nummulites	(Paleotherium)		*Pyrénées*	*Ophites, euphotides et serpentines*
Secondaire *Mésozoïque* Reptiles	CRÉTACÉ — *Craie*	Danien Sénonien Turonien Cénomanien	*Céphalopodes déroulés* *Rudistes* *Oursins*	*Oiseaux dentés* *Dinosauriens*		Andes ?	
	Grès vert	Albien Aptien Urgonien Néocomien				*Chaines côtières de Californie*	*Porphyrites* (Andes)
	JURASSIQUE — Supérieur	Portlandien Kimméridgien Corallien Oxfordien	*Ammonites et bélemnites* *Térébratules et rhynchonelles* *Pentacrinites et polypiers*	*Archæoptéryx* *Marsupiaux* *Icthyosaures*	*règne des gymnospermes normales (conifères et cycadées)*	Vosges. Forêt Noire	
	Moyen (*Oolithe*)	Bathonien Bajocien					
	Inférieur (*Lias*)	Toarcien Liasien Sinémurien Infrâ-lias					*Quartz*, baryte, plomb, etc.
Primaire *Paléozoïque* Poissons hétérocerques	TRIAS	Marnes irisées Muschelkalk Grès bigarré	*Cératites* *Brachiopodes* *Encrines*	*Reptiles (théromorphes et dinosauriens)*	Gymnosp. archaïques (Cordaïte) Commencᵗ	Failles du Morvan	*Ophites* (Pyrénées) Cuivre
	Amphibiens — PERMIEN	Zechstein Grès rouge	Intermédiaires	Amphibiens (*Labyrinthodontes*),	*Cryptogames arborescentes*		*Mélaphyres*
	CARBONIFÉRIEN	Houiller supér. Houiller infér. Anthracifère	*Goniatites* *Productus* *Fusulines*	Poissons *ganoïdes* et sélaciens		*Ch. hercynienne* (avec Apalaches)	*Porphyres* *Porphyrites* *Granite à mica blanc*
	Trilobites — DÉVONIEN	Plusieurs étag. F (1)	Spirifer			Ch. calédonienne	Étain
	SILURIEN	supérieur E inférieur D	*Orthocères* Calymene Trinucleus *Graptolites*				*Diorite*
	CAMBRIEN	Cambrien C	Paradoxides				
Primitive *Azoïque* Cristallin	PRÉCAMBRIEN	Phyllades B	Annélides au sommet ? Sédiments dans une mer brûlante.			Ch. huronienne	Porphyres Cuivre *Granite et Diabase*
	ARCHÉEN	Micaschistes A Gneiss (1)	Roches éruptives remaniées et précipitations chimiques. Première écorce consolidée, injectée de granite, etc.				

(1) Les lettres A, B... F. sont celles qu'a employées Barrande pour désigner les étages étudiés par lui en Bohême.

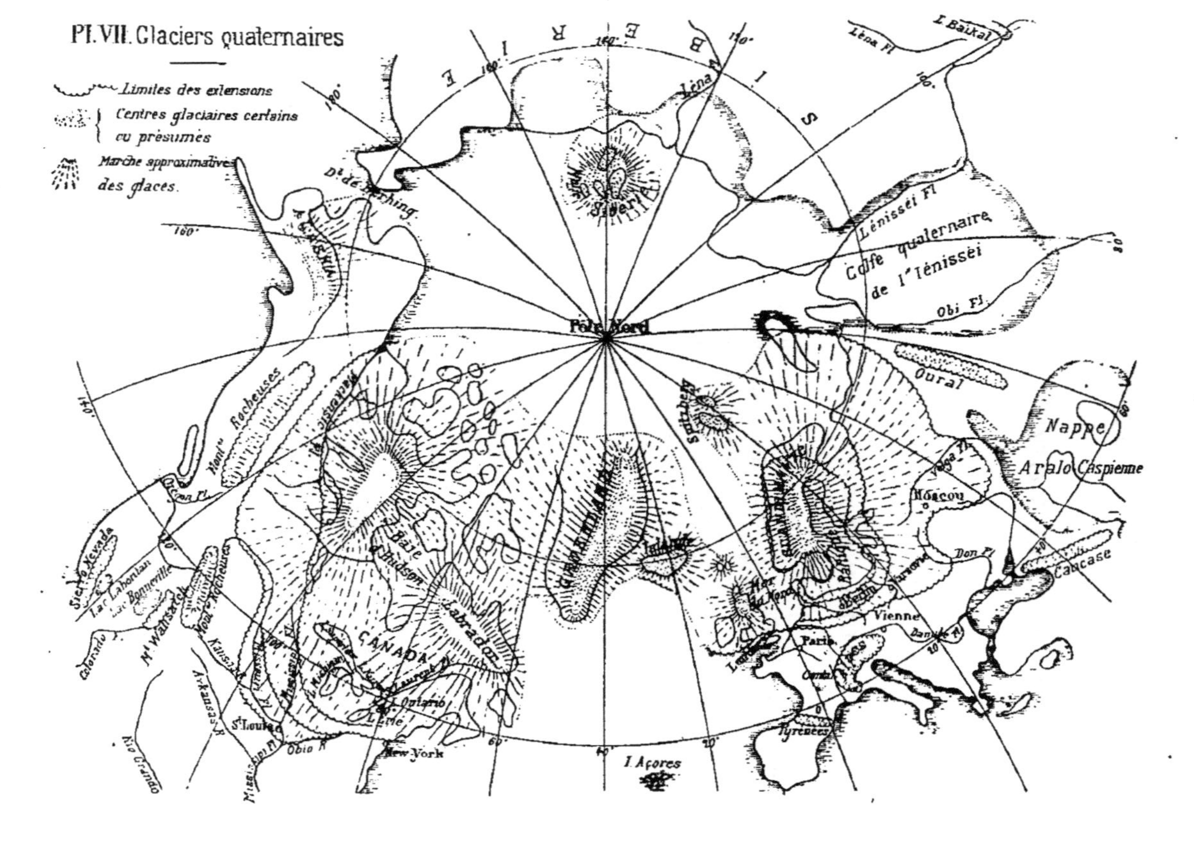
Pl. VII. Glaciers quaternaires
Limites des extensions
Centres glaciaires certains ou présumés
Marche approximative des glaces.
S I B E R I E
Léna Fl
I. Baïkal
Dt de Behring
Sibérie
Iénisseï Fl
Golfe quaternaire de l'Iénisseï
Obi Fl
Pôle Nord
Oural
Nappe Aralo Caspienne
Volga Fl
Moscou
Don Fl
Caucase
Spitzberg
Islande
Mts Rocheuses
Oregon Fl
Sierra Nevada
Lac Lahontan
Lac Bonneville
Mt Wahsatch
Colorado
Arkansas R
Kansas R
Rio Grande
St Louis
Obio R
New York
Baie d'Hudson
CANADA
Labrador
L. Ontario
L. Erie
I. Açores
Mer du Nord
Paris
Vienne
Danube Fl
Pyrénées

ARTICLE TROISIÈME

DURÉE DES TEMPS GÉOLOGIQUES

Dies sæculi quis dinumeravit?
(*Eccl.* I, 2.)

TABLEAU SYNOPTIQUE

État de la question.

Durée totale des temps géologiques	§ 1er	Données tirées du refroidissement	I
		— de la sédimentation	II
		— des phases de la vie	III
Durée de l'Ère quaternaire	§ 2e	Époque diluvienne	I
		Époque actuelle	II
Durée de l'humanité	§ 3e	Hypothèse de l'homme tertiaire	I
		Antiquité de l'homme quaternaire	II

État de la question.

Lorsqu'on veut passer, en géologie, de la constatation des dates relatives à l'appréciation des dates absolues, c'est-à-dire à la supputation des siècles qu'ont pu embrasser les périodes, on tombe dans le domaine des conjectures.

L'école des causes actuelles mesure le temps par l'épaisseur des dépôts, et prend pour terme de comparaison les dépôts qui ont lieu sous nos yeux ; elle arrive ainsi à accumuler des millions de siècles. Ses adversaires n'admettent, entre la durée et l'importance des phénomènes, d'autre proportion que celle dont feront foi les caractères particuliers de chaque formation, en tenant même compte de l'affaiblissement graduel de l'activité géogénique.

On trouvera encore ainsi que *les temps géologiques ont dû être très longs comparativement à la durée de l'humanité*, dont l'histoire n'en forme que la dernière page. On pourra les renfermer entre un maximum et un minimum probables, suffisants pour donner une idée de ce cadre immense, digne de l'Ouvrier qui l'a rempli.

Nous traiterons séparément, parce que les données et les conclusions sont bien distinctes : 1° la durée totale des temps géologiques ; 2° celle de l'ère quaternaire ; 3° celle de l'humanité.

§ 1er. — Durée totale des temps géologiques.

Différentes données mènent à des résultats grossièrement concordants : refroidissement du globe ; sédimentation ; phases de la vie.

I. Données tirées du refroidissement.

Sir *William Thomson* (aujourd'hui lord Kelvin) a essayé de calculer *l'âge de la première croûte solide*, d'après la vitesse du refroidissement des roches, combinée avec l'évaluation, tant de l'épaisseur actuelle de l'écorce que du retrait qu'accusent les plis montagneux. En prenant pour température de solidification 3000°, il a trouvé, au plus 200, au moins 20 millions d'années (1). — Pour *l'époque où la mer a commencé d'être peuplée* (température de 60°), il trouve au plus 20, au moins 2 millions d'années.

Ces chiffres, du moins les maxima, paraîtront exagérés, si l'on considère, d'une part, que la première écorce s'est formée, non à 3000° mais vers 300° (2), d'autre part que la température de 60° ne convient qu'à certains microorganismes des eaux thermales.

II. Données tirées de la sédimentation.

On peut combiner l'épaisseur des sédiments avec la rapidité de leur formation, soit directement par la marche des dé-

(1) Le même auteur, il est vrai, n'accorde au Soleil que 18 millions d'années pour perdre toute sa chaleur initiale, au taux de déperdition actuel. Mais la déperdition devait être beaucoup plus lente avant la formation de la photosphère, que M. Faye reporte seulement au début de l'ère secondaire.

(2) Voir art. précédent § 4e et *Notions de Géologie*.

pôts analogues actuels, soit indirectement par l'étude des dénudations qui en fournissent les matériaux. Établissons chacune de ces supputations.

1° *Rapidité des diverses formations.*

Il faut distinguer dès l'abord les *sédiments détritiques* qui ne contiennent de fossiles qu'à titre exceptionnel et les sédiments composés principalement de *débris organiques.* — Les premiers sont en général tellement rapides (1) proportionnellement aux seconds, que, malgré leur masse prépondérante, on peut les négliger dans la supputation. — A la seconde catégorie se rattachent d'abord les dépôts détritiques ou chimiques qui contiennent beaucoup d'organismes dans la situation où ils ont vécu. Ces dépôts ont exigé un temps notable : d'une part, en effet, ces organismes n'ont pu se développer que dans une eau assez calme et assez limpide ; d'autre part, le temps même exigé par leur développement donne un chiffre élevé pour la durée minima du dépôt. Viennent ensuite les dépôts composés uniquement d'organismes : ils sont à la fois les plus lents et ceux dont il est le plus facile de calculer l'accroissement annuel ou séculaire. Nous en étudierons trois types principaux :

1. La *houille.* — On sait que c'est un charbon fossile, constitué essentiellement par des débris végétaux altérés et comprimés (Fig. 38, 39). En partant de l'hypothèse de l'accumulation sur place, on considérait cette formation comme une des plus lentes. Si, au contraire, on admet l'entraînement de ses matériaux dans les bas-fonds, et si l'on tient compte d'une activité végétative dix fois plus grande peut-être qu'aujourd'hui, on arrive pour les bancs épais à des chiffres très modérés. M. Fayol a calculé, abstraction faite de la dernière considération, qu'une couche de houille de 20 à 25 mètres, alimentée par une surface boisée de 5 000 hectares, a pu se former en 7 000 ans. Cela donne 3 mm. par an, et, en tenant compte de

(1) On a quelquefois de cette rapidité des preuves positives, par ex. : englobement d'un banc de poissons dans un sédiment qui les a surpris ; enveloppement, par un dépôt arénacé, de tiges herbacées, qui auraient infailliblement pourri si elles fussent restées un temps notable exposées à l'action de l'atmosphère (Fig. 38).

la végétation plus active, peut-être 30 mm. par an, 30 mètres en 1000 ans.

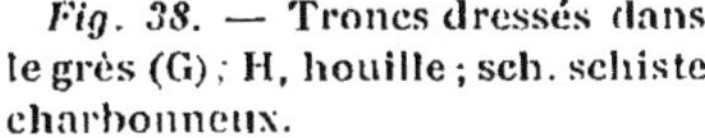

Fig. 38. — Troncs dressés dans le grès (G) ; H, houille ; sch. schiste charbonneux.

Fig. 39. — Petites couches de grès, de schiste et même de charbon, se raccordant obliquement avec la grande couche (d'après M. Fayol).

2. *Polypiers* (Fig. 12, à la p. 32). — Les plus massifs (méandrines, astrées), ne s'allongent environ que de 25 mm. par an ; les branchus vont jusqu'à 80 mm., mais forment des constructions moins compactes, dont leurs débris doivent remplir les vides. Vu les fractures incessantes par les vagues, l'accroissement général d'un récif est bien moindre ; plusieurs observations ont conduit à une moyenne annuelle de 1 à 2 mm.

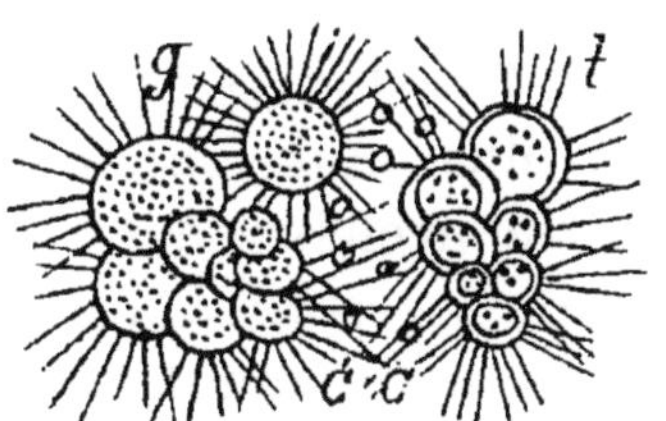

Fig. 40. — Foraminifères : g, globigérines ; t, textilaria : cc, coccolithes. (Grossissement considérable.)

Fig. 41. — Diatomées siliceuses vues de face et de côté. (Grossissement fort.)

3. *Boues à globigérines* (Fig. 40). — Ces débris de foraminifères ne s'accumulent qu'avec une extrême lenteur. On y recueille encore des dents de squales et des caisses tympaniques de baleines appartenant à la faune tertiaire, à peine enfouis. On a évalué cette formation à 1 mm. par siècle. Il y a lieu cependant de croire que la *craie* (Fig. 42), qu'on lui avait assimilée à tort, s'est formée plus rapidement ; de même le calcaire construit par des *rudistes*, mollusques à valve conique (Fig. 43).

Les boues siliceuses à diatomées (Fig. 41) et radiolaires, moins importantes géogéniquement, rentrent dans le même ordre de valeur chronologique.

Fig. 42. — Fragment de craie, exceptionnellement riche en foraminifères

Fig. 43. — Hippurites sulcata.

Nous n'aurons pas à tenir compte de la durée des lacunes locales, si nous avons soin de prendre tous les étages avec leur plus grande puissance (épaisseur). Mais, pour estimer cette puissance et faire le total, nous ne nous adressons qu'aux roches calcaires et aux argiles ou sables fins riches en fossiles. Nous réduisons donc la puissance totale à 15000 m. (Le chiffre de 45 000 adopté par Dana comprend en plus, non seulement les sédiments stériles, mais encore la série archéenne, qui, à nos yeux, est en partie primitive, et, pour le reste, complètement mécanique ou chimique). Prenant maintenant, pour taux moyen d'accroissement, 1 millimètre par an (polypiers), nous obtenons 15 millions d'années. C'est sans doute un maximum, puisque nous négligeons l'exubérance de la vie ancienne.

2° *Rapidité des dénudations.*

Les matériaux des sédiments proviennent directement ou indirectement de la destruction des reliefs : ainsi le carbonate de calcium utilisé par les mollusques et les polypiers est fourni par la dissolution des calcaires préexistants. On peut donc, en divisant la masse des sédiments par la dénudation séculaire, évaluer le nombre de siècles qu'a exigés la formation des couches.

M. de Lapparent évalue la dénudation séculaire actuelle à 11 mm. Les sédiments modernes couvrent 1/5 du fond de l'Océan, c'est-à-dire une surface presque égale à la surface continentale. On aurait donc, en un million d'années, un sédiment moyen de 110 mètres de puissance (1). Sur les points de grand accumulation, ce sédiment atteindrait au moins 500 m. L'épaisseur totale des étages pris avec leur plus grande puissance, est, en défalquant l'archéen, d'environ 30 000 m : il suffirait, pour atteindre ce chiffre, d'une dénudation poursuivie au taux actuel pendant 60 millions d'année. Si l'on remarque qu'après les grands soulèvements la dénudation était bien autrement active (témoins les faits quaternaires), on quadruplera sans peine la valeur moyenne du double mouvement érosif et sédimentaire à travers les âges géologiques : on obtiendra ainsi un chiffre qui ne dépassera pas 15 millions.

III. Données tirées des phases de la vie.

On a pris pour unité la durée de la faune quaternaire, évaluée comme nous le verrons au § suivant, et l'on a multiplié cette durée par le nombre des phases paléontologiques réputées de même importance.

Ce calcul repose sur les bases les plus vagues. En effet : 1° La durée de la phase type est elle-même des plus incertaines, comme nous le constaterons ; 2° Les successions des faunes et des flores ont dû marcher parallèlement aux changements des milieux, et ces changements se sont montrés fort indépendants de toute mesure chronologique : durant la période carboniférienne, par exemple, la végétation change rapidement, tandis que la faune marine reste à peu près stationnaire ; on observe l'inverse dans la période jurassique ; 3° La terre est aujourd'hui dans un état de stabilité relative ; elle y tendait déjà aux temps tertiaires, tandis que les modifications des milieux ont à l'origine été assez rapides.

Non seulement donc on ne peut tirer de la paléontologie aucun renseignement nouveau sur la durée totale des formations

(1) *Revue des Questions scientifiques*, juillet 1891 p. 26 et octobre 1894 p. 446. — de Lapparent, 4e édition p. 261.

fossilifères (1), mais on n'en peut non plus rien induire sur la durée relative des ères.

Dana, cependant, combinant le nombre des époques de la vie avec l'épaisseur concordante des étages, a estimé que la période silurienne égale certainement en durée tout le reste de l'ère primaire, et qu'on pourrait conjecturer les proportions suivantes : ère primaire, 4 fois l'ère secondaire ; ère secondaire, trois fois l'ère tertiaire ; soit 36, 9, 3 millions. Comme son total de 48 millions nous paraît très exagéré, d'après toutes les considérations précédentes, et que l'ère primaire surtout nous semble démesurément allongée, d'après la 3e remarque ci-dessus, nous adopterions plutôt les chiffres 12, 6, 2, ou même 6, 3, 1, en tout 10 à 20 millions d'années.

IV. Conclusion générale.

L'ensemble des considérations ci-dessus conduit, pour le temps écoulé depuis la première apparition de la vie, à un chiffre, plutôt exagéré qu'atténué, de 10 à 15 millions d'années. Des études nouvelles, amèneront peut-être encore des réductions (2) ; mais il faudra toujours concéder des centaines de mille ans pour l'ensemble des périodes.

Nous allons voir qu'il n'en est pas ainsi pour la dernière, la seule qui se lie à l'histoire de l'humanité.

§ 2e. — Durée de l'ère quaternaire.

Stratigraphiquement comme paléontologiquement, l'ère quaternaire est insignifiante en comparaison de l'ère tertiaire, dont elle n'est au fond que la faible continuation ; il ne faut donc pas s'attendre à lui trouver une bien longue durée. Il convient d'ailleurs de distinguer la question de l'époque diluvienne et celle de l'époque moderne, vu que, malgré leur connexité, elles se résolvent par des procédés un peu différents, plus précis, quoiqu'encore bien vagues, pour la dernière.

(1) 240 phases égales à celle du quaternaire, d'après Croll. Il donne à celui-ci 300 000 ans, tandis que nous le réduirons à 30 000 au maximum. Le Cambrien remonterait donc pour lui à 72 millions, selon nous réduits à 7.

(2) *Revue des Questions scientifiques*, janvier 1881, page 263.

I. Époque diluvienne.

Il nous faut rappeler en quelques mots les grands phénomènes érosifs, glaciaires et alluvionnaires qui remplissent cette époque. Dans toutes les régions aujourd'hui tempérées de l'hémisphère nord, d'immenses glaciers (Pl. VII) progressent et se retirent à plusieurs reprises, les uns à partir des terres subpolaires (Scandinavie, Ecosse, Canada), les autres à partir des grandes montagnes (Alpes, Pyrénées, Caucase, Montagnes Rocheuses). Pendant surtout la progression des glaciers, les vallées se remplissent d'alluvions puissantes (Fig. 16 à la p. 37). Dans les intervalles (phases interglaciaires), elles se creusent au contraire de plus en plus, de sorte que les alluvions les moins anciennes sont en général les moins élevées (Fig. 16). Outre une *phase glaciaire pliocène*, on distingue dans le quaternaire deux glaciaires principaux : 1° au début, la *grande extension* qui couvre de ses moraines une grande partie de la Russie, de l'Allemagne, de l'Angleterre et des Etats-Unis, et les vallées du Rhône jusqu'à Lyon, du Rhin jusqu'à Bâle ; 2° vers la fin, une *seconde extension* au moins, qui s'achemine par une phase de froid sec vers le régime de l'époque actuelle.

Ceci posé, on peut chercher des renseignements chronologiques, soit dans les faits stratigraphiques, soit dans leurs causes astronomiques.

1° *Données stratigraphiques* (1).

1. *Érosions et alluvions anciennes.* — Nous avons vu dans l'art. précédent (§ 3e) à quelle exagération conduisait l'évaluation de leur durée d'après les faits actuels. On a cependant appliqué le calcul à l'abaissement du lac de Genève résultant du creusement de son émissaire et à son comblement depuis sa formation au début de la phase interglaciaire. Le chiffre de 80 000 ans, ainsi obtenu, devra être singulièrement réduit : 20 000 au maximum.

(1) On doit écarter les données tirées de pays absolument étrangers au régime glaciaire. Ainsi les constructions coralliennes de l'Océanie, quand même elles conduiraient au chiffre de 100 000 ans et plus, ne prouvent rien, puisqu'elles peuvent remonter au cœur des temps tertiaires, qui présentaient déjà les espèces madréporiques actuelles.

2. *Retraite des glaciers.* — Au taux actuel des oscillations glaciaires, la calotte polaire de la grande extension n'a pas eu besoin de plus de 9000 ans pour avancer ou reculer de 900 kilomètres. Il est évident que le phénomène peut avoir été plus lent ou plus rapide ; mais c'est là un indice des chiffres dans lesquels on peut le renfermer.

En somme, les données stratigraphiques ne nous conduisent ici à aucune conclusion sérieuse, sinon qu'il faut en rabattre énormément, avec la plupart des géologues actuels, des 200 à 300 mille ans naguère encore exigés par Lyell et autres.

2° *Données astronomiques.*

Les crises diluvio-glaciaires ont eu pour cause immédiate des précipitations abondantes de pluie et de neige. La cause éloignée est problématique. La grande élevation des montagnes soulevées à la fin de l'ère tertiaire (abaissées depuis par la dénudation), certaines circonstances géographiques y ont sans doute eu part. Ces causes ne sauraient donner aucune indication chronologique. Il en serait autrement d'une cause astronomi-

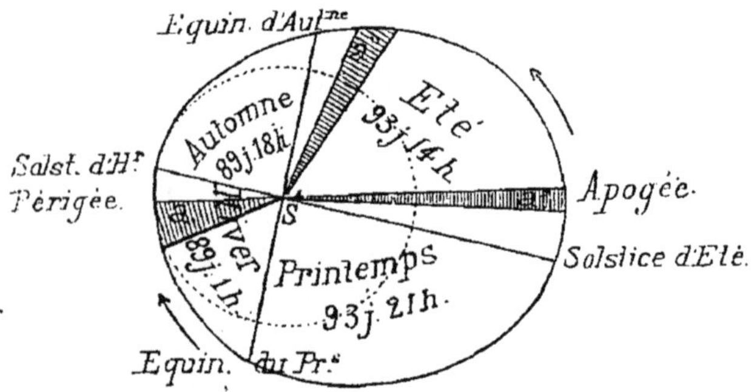

Fig. 44 — Effet de la précession des équinoxes. a, a' a'', aires égales en des temps égaux. La ligne ponctuée....., enlevant quatre surfaces égales, rend plus sensible les différences (l'excentricité et par suite l'inégalité sont d'ailleurs très exagérées). En faisant rétrograder équin. et solst. de 180° dans le sens des flèches, l'hiver prendrait la place de l'été, etc.

que que plusieurs ont invoquée et que nous avons nous-même acceptée comme probable. C'est le fait que tous les vingt mille ans à peu près, par suite de la précession des équinoxes (Fig. 44), le solstice d'hiver, contrairement à ce qui a lieu aujourd'hui, coïncide, dans l'hémisphère Nord, avec l'aphélie de la terre (son plus grand éloignement du soleil dans sa course elliptique). Il en résulte alors que l'automne et l'hiver sont plus froids. Cette circonstance doit amener, dans cet hémisphère, principalement continental et montagneux, un afflux exagéré de vapeurs et, par suite, des précipitations intenses de pluie et de neige (1).

Or la dernière époque d'hivers ou aphélie remonte à 10 000 ans, la précédente à 30 000 ans. De là, deux solutions possibles :

1° En acceptant les chiffres qui seront indiqués plus bas pour le commencement des phénomènes modernes (environ 8 000 ans), il faudra reporter la grande extension glaciaire vers 30 000 ans, la dernière vers 10 000 ans.

2° En admettant une exagération considérable dans l'interprétation des chronomètres géologiques modernes, on ne reportera la grande extension qu'à la plus récente des époques d'hivers en aphélie (10 000 ans).

On expliquera alors la dernière extension comme un simple retour offensif de la même influence aidée par des circonstances d'ordre purement terrestres : elle aurait eu lieu il y a 6 à 7000 ans.

II. Époque actuelle.

On a appelé *chronomètres géologiques* les phénomènes modernes dont le progrès séculaire paraît présenter une certaine régularité. Tels sont : 1° Les derniers *planchers stalagmitiques* des grottes ; 2° les *tourbières* ; 3° le *seuil des cascades* ; 4° les *deltas* et les *alluvions* basses des vallées. On mesure, par exemple, l'accroissement annuel moyen d'une alluvion en épaisseur à partir d'une date fixée par des monuments historiques (base d'un édifice, monnaie, etc.) ; puis on divise par le chiffre de cet accroissement annuel, l'épaisseur totale, à partir d'un débris préhistorique dont on veut déterminer la date, ou même (c'est le but principal) à partir du sous-sol constitué par des graviers ou autres terrains diluviens.

(1) Nous ne parlons pas des époques de grande excentricité de l'orbite terrestre : la plus rapprochée remonte à 300 000 ans et Croll lui rapporte la grande phase glaciaire. Cette condition ne ferait qu'accentuer l'effet des hivers en aphélie. On aurait eu ainsi, à cette époque reculée, une multitude de phases glacières espacées de 20 en 20 ans.

Nous ne donnerons point de calculs empruntés aux *stalagmites* (Fig.45) ni aux *tourbières*. Ces formations sont fort irrégulières et parfois très rapides. On a constaté, pour les stalagmites,

Fig. 45. — Coupe théorique d'une caverne (C C' C'' C''') : i, issue quaternaire obstruée par des alluvions (a) et du limon rouge (r) ; — e, entrée actuelle ; C', chambre à double plancher de stalagmites ; — C''', lac, dont les eaux s'écoulent sur un fond d'argile en s ; — br, brèche osseuse aboutissant latéralement à la chambre C' ; br', autre brèche osseuse.

des accroissements de 5 mm. par an (cavernes de la Virginie), et, dit M. Vezian (Prodrome de géologie), « un siècle suffit pour que des plantes aussi humbles que les mousses produisent un banc de tourbe ayant 3 mètres de puissance. »

Les trois exemples suivants, empruntés à une *cascade* et aux *alluvions* de deux rivières suffisent.

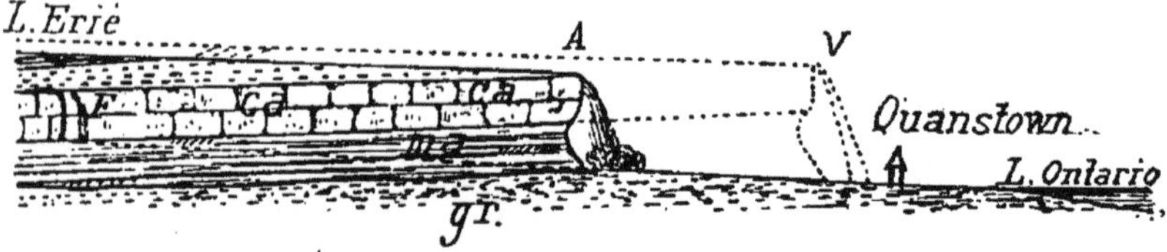

Fig. 46 — Cascade du Niagara : A, actuelle, affouillant les couches meubles de marnes (ma) et de grès (gr.) ; — V, ancienne, dans des conditions encore plus favorables à l'érosion ; — F, future, n'entamant plus que le calcaire (ca).

1. *Cascade du Niagara* (Fig. 46) (1). — Au taux du recul actuel de la partie Canadienne, il faudrait compter 9000 ans ; au taux de la partie Américaine, 45 000, depuis qu'elle a quitté la falaise de Queenstown, où elle jaillissait d'abord, immédiate-

(1) Elle est divisée par une île en deux parties, l'une Canadienne, l'autre Américaine.

ment après la retraite des glaciers. En moyenne et au minimum, 30 000 ans, suivant Dana.

2. *Alluvions de la Saône.* — M. Arcelin les a discutées avec beaucoup d'habileté. Il estime l'épaisseur moyenne des alluvions modernes à 5 mètres. Il a trouvé, dans 10 stations sur 33, les débris romains à 1 mètre de profondeur, et il prend sagement ce chiffre concordant comme plus probable qu'une moyenne générale ; ces débris remontent à 1 500 ans. Il conclut par la proportion $x : 5 = 1500 : 1$ d'où $x = 1500 \times 5 = 7500$.

3. *Alluvions de la Loire à Saint-Nazaire.* — L'ingénieur Kerviler, pendant le creusement du nouveau bassin, remarqua, sur l'affleurement des argiles entamées, des lignes noires charbonneuses, qui accusaient chacune, suivant lui, un dépôt annuel. Le nombre des feuillets se trouva de fait concorder sensiblement avec celui des années qui nous séparent de l'époque romaine représentée par une couche de sable où gisait une médaille de l'empereur Tétricus (274). Cette couche se trouve à 6 m. de profondeur. Plus bas, à 8 m. 50, se trouvaient un certain nombre d'objets de l'âge néolithique ou du bronze. La proportion des épaisseurs en même temps que le nombre des feuillets indiquait pour ce niveau 450 ans seulement avant l'ère chrétienne. Plus bas encore, un niveau encore néolithique correspondait à — 1 000 ou — 1 200. Les feuillets ont été distingués jusqu'à 20 m., et le dépôt vaseux total, reposant sur un lit de cailloux et de gros galets, a une puissance de 28 m. Cela donnerait une antiquité de 7 600, concordante avec le chiffre de M. Arcelin pour la Saône.

Un assez grand nombre de calculs du même genre ont abouti à peu près au même résultat : 7 à 9 000 ans au plus pour la durée totale de l'époque moderne. C'est ce qu'avaient pressenti Dolomieu et Cuvier.

Deux considérations cependant infirment ces calculs et permettront peut-être de réduire considérablement les dates.

1. On suppose *l'accroissement proportionnel au temps.* Or cela n'est pas *vraisemblable.* Rien n'indique, en effet, une transition brusque entre le régime diluvien et le régime actuel ; l'histoire a enregistré, au contraire, bien des faits qui impliquent le changement des climats dans le sens du progrès vers le ré-

gime sec. Les eaux de la Somme, à l'époque romaine, étaient encore, d'après M. de Morcey, 50 fois plus considérables qu'aujourd'hui, et l'on trouve dans ce bassin, au-dessus des poteries, un dépôt crayeux de plusieurs mètres fort ressemblant aux alluvions anciennes de la même vallée. Précisément, dans les alluvions de la Saône étudiées par M. Arcelin, il existe entre les marnes bleues glaciaires et les gisements néolithiques, une couche très homogène de 2 m. 50. Sa formation, observe l'abbé Ducrost, a pu être rapide, grâce à l'un de ces débordements exceptionnellement violents dont l'époque diluvienne n'a pas le monopole : en déduisant cette épaisseur, on réduirait les temps de moitié, c'est-à-dire à 4 000 (— 2 000 avant J.-C.)

2. Le début de chaque chronomètre ne coïncide pas nécessairement avec celui de l'époque moderne, mais doit souvent être reculé plus ou moins haut dans le glaciaire. Si le Tibre était encore au régime torrentiel de creusement de sa vallée peu de temps avant la fondation d'Albe-la-Longue, c'est-à-dire pas plus de 1200 ans avant J.-C. (comme l'a établi M. de Rossi par des études comparées d'histoire, d'archéologie et de stratigraphie), d'autres fleuves, au contraire, ceux qui présentent un long parcours en pays plat, pouvaient former des deltas et des alluvions basses, sur des graviers très anciens, dès l'interglaciaire. On peut appliquer ce principe aux alluvions de la basse Loire, où l'on ne trouve au-dessous de 12 m. (1er niveau néolithique) aucun objet préhistorique, aucun fossile pouvant classer les couches.

Les deux considérations se combinent pour la cascade du Niagara. D'une part, son travail d'érosion date des débuts de la retraite du dernier glaciaire, non de la fin de cette retraite. D'autre part, son action devait être beaucoup plus active à l'origine, soit à cause de la plus grande force du fleuve, soit surtout à cause de la moindre consistance des couches attaquées.

Conclusion. — L'incertitude et l'exagération probable des évaluations de l'époque actuelle, même renfermées dans les limites modérées et généralement acceptées de 7 à 9000 ans (— 5 à 7 000 de l'ère chrétienne), ne permettront pas de s'étonner si des considérations d'un autre ordre nous amenaient à des supputations encore plus courtes au sujet de l'antiquité de l'homme préhistorique.

§ 3e. — Durée de l'humanité.

La date de la création de l'homme et de ses premiers pas à partir de l'Orient, son berceau, ne doivent pas nous occuper ici. Le quaternaire, à peine entrevu, de l'Asie, les alluvions du Nil ne donnent sur ces points aucun renseignement, et les monuments historiques, qui remontent dans ces contrées beaucoup plus haut que partout ailleurs, ne sont pas du domaine de la géologie (1). Il s'agit uniquement ici de l'*apparition de l'homme dans notre Occident*, d'après la *stratigraphie* et d'après l'*archéologie dite préhistorique*, raccordées autant que possible avec les plus anciennes données historiques sur le même pays (2).

Nous subdivisons ainsi la question : 1° hypothèse de l'homme tertiaire ; 2° antiquité de l'homme quaternaire.

I. Hypothèse de l'homme tertiaire.

Elle plaît aux yeux qui aiment à reculer nos origines dans un lointain de plusieurs centaines de mille ans. Un *proanthropos* surtout, intermédiaire par ses formes et par son industrie entre le singe et l'homme le plus sauvage, serait bien vu de ceux qui rêvent notre descendance bestiale.

Nous allons donner : 1° les principaux faits qui ont soulevé cette question ; 2° leur discussion, qui aboutira, du moins provisoirement, à la négative.

(1) L'accord de la Bible avec la Géologie donnera l'occasion de compléter cette étude, de lui donner toute la généralité qu'elle comporte.

(2) On pourrait sans doute poser la même question pour l'Amérique du Nord, dont la stratigraphie quaternaire a été bien étudiée. Mais les documents y sont beaucoup plus rares et moins concluants. Naguère encore on donnait comme incontestable l'homme inter-glaciaire aux Etats-Unis. Il ne reste plus guère à l'appui de cette thèse que les argillites taillées de Trenton recueillies dans les dépôts anciens de la vallée de la Delaware. Leur gisement probable dans l'intérieur même du dépôt, leur forme semblable à celle des haches paléolithiques d'Europe et différente de celle des outils indiens, les fait attribuer à une race plus ancienne que les Peaux-Rouges. Toutefois ils peuvent bien n'être que post-glaciaires (*Revue des Questions scientifiques*, octobre 1893, p. 400).

1° *Principaux faits.*

Ils sont de deux sortes : silex taillés, ossements travaillés.

1. *Silex taillés.* — L'abbé Bourgeois trouva en 1863 à Thenay (Loir-et-Cher), sur différents niveaux miocènes, surtout sur un niveau inférieur, probablement éocène, des *silex éclatés*, qu'il n'hésita pas à présenter comme des instruments dus à l'industrie humaine.

2. *Ossements travaillés.* — On a rencontré sur plusieurs points, principalement dans des assises pliocènes, des *ossements, fendus* soi-disant pour en extraire la moëlle, ou marqués *d'incisions assez régulières* attribuées à l'action d'un outil.

Ces faits ont impressionné d'abord des esprits judicieux, tels que Quatrefages.

2° *Discussion.*

1. Le miocène et le pliocène, pourtant si fouillés, n'ont offert *nulle part d'ossements humains*, pas même auprès des prétendues traces d'industrie.

2. Rien n'est plus improbable, d'après les *lois de la paléontologie*, que l'existence et la persistance du plus élevé des êtres organisés à travers des faunes mammifères dont l'extinction successive suffit pour caractériser plusieurs étages. Aussi M. de Mortillet attribue les silex de Thenay à un singe anthropoïde (1), le driopithecus. Malheureusement pour cette hypothèse antiphilosophique d'un singe ouvrier, on ne trouve pas les ossements de cet animal auprès des débris de son industrie.

3. Les *silex de Thenay*, tous sortis d'un banc de craie que venait battre la mer tertiaire, sont dispersés sur une grande surface, *sans lien* avec quelque station habitable.

4. L'examen de ces silex rend *plus que douteuse, leur taille intentionnelle*, c'est-à-dire leur taille en vue d'obtenir un outil. Les savants, même hostiles à la Religion, se sont partagés dans tous les congrès, et, après le premier enthousiasme, la thèse a perdu de jour en jour des adhérents : Buchner en est un adversaire convaincu. Voici les *raisons* de cette défaveur. Les cailloux soumis à l'examen des congrès ont été *choisis* avec

(1) Nous verrons, à la question de l'origine simienne de l'homme (art. 4, § 5°) que le driopithecus était un quadrumane assez dégradé.

soin parmi une multitude d'éclats de toutes dimensions : or, par un pareil procédé, on trouve des silex taillés dans tous les graviers, sur les promenades publiques. Sauf deux d'origine douteuse, ils sont *extrêmement bruts* et si *petits* qu'on ne voit pas à quel usage on aurait pu les employer. Ils paraissent, non taillés, mais *éclatés au feu* : or le craquelage au feu met les silex en mauvais état et on ne peut le supposer intentionnel ; d'ailleurs, il n'existe dans le voisinage aucune trace de foyers, et les variations brusques de température ont suffi pour produire ces éclats, comme on le constate encore dans certains déserts et sur certaines plages.

5. Les *ossements fendus* doivent cette détérioration à leur longue exposition à l'air.

6. Les *incisions* sont dues à la pioche de nos ouvriers ou à la dent de grands squales : on a constaté dernièrement des incisions très régulières sur des ossements retirés par la drague des profondeurs de l'Océan.

En résumé, *l'homme tertiaire n'est ni prouvé ni probable ;* le roi de la création ne paraîtra en Europe que vers la fin de la période glaciaire.

II. Antiquité de l'homme quaternaire.

Nous remonterons des temps historiques aux temps préhistoriques, pour que les jalons soient plus faciles à poser en allant du connu à l'inconnu (1).

1° *Age du fer.*

Les épées et autres instruments de fer ont été introduits en Gaule et en Grande-Bretagne par les *Gaulois* (Kimris de taille élevée), qui ont couvert de *tumulus* nos provinces de l'Est. Ils pénétrèrent chez nous par le Danube vers le ve ou vi^e^ siècle avant J.-C., refoulant à l'orient les Celtes de petite taille.

2° *Ages du bronze et de la pierre polie* (Fig. 49).

Ces deux âges, plus ou moins confondus entre eux, caractérisés encore par des poteries assez fines et par les animaux

(1) Nous nous appuierons particulièrement sur M. Arcelin et sur M. Alexandre Bertrand (*Antiquités celtiques et gauloises*), sans les rendre solidaires de toutes nos conclusions.

domestiques, correspondent aux *Celtes* de nos *dolmens* et des *palafites* (habitations lacustres) de la Suisse. Ces populations, d'après Bertrand, pénétrèrent vers le XXe siècle avant J.-C. en Scandinavie, vers le XVe ou XIIe en Gaule. Les alluvions de

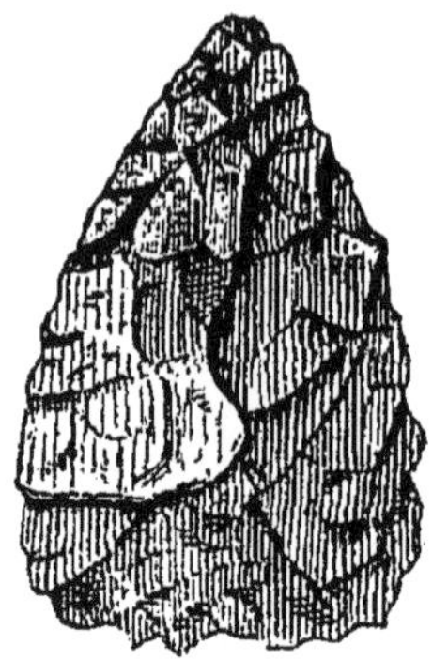

Fig. 47. — Hache chelléenne.

Fig. 48. — S, Hache solutréenne ; m, pointe de flèche magdalénienne (appartient aussi à l'âge néolithique).

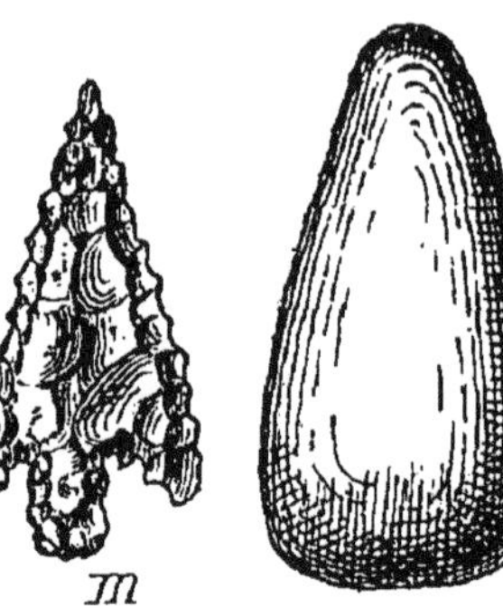

Fig. 49. — Hache polie, dite celtique.

la Saône datent du XIIe les plus anciens gisements de la pierre polie. Vers le XIIe ou X[e], le bronze, importé par le Danube, apparaît en Suisse, à peine encore en Gaule.

3° *Age Magdalénien.*

C'est le dernier âge industriel du quaternaire proprement dit. Il correspond géologiquement à une phase de froid sec qui s'étend du commencement de la dernière retraite des glaciers jusqu'aux alluvions modernes, phase du *diluvium rouge* et du *renne*. Il est caractérisé par une industrie de cavernes, consistant en silex finement taillés (Fig. 48), en instruments d'os, d'ivoire, qui portent quelquefois des dessins sculptés de renne et de mammouth (Fig. 50, 51), même par des poteries.

Ici commencent les obscurités.

Si l'on reporte cet âge au lendemain de la dernière phase des grands hivers en aphélie, ou si l'on accepte les indications chronométriques des alluvions de la Saône, il faudra le placer entre 6000 et 4000 ans avant J.-C. (8 à 6000 avant notre siècle).

Cette supputation présente les difficultés suivantes :

1. On introduit une lacune de 3000 ans entre l'âge Magdalénien et celui de la Pierre polie. Cependant les indices de

transition d'une industrie à l'autre (Fig. 48) et de mélange des races font douter de la lacune même.

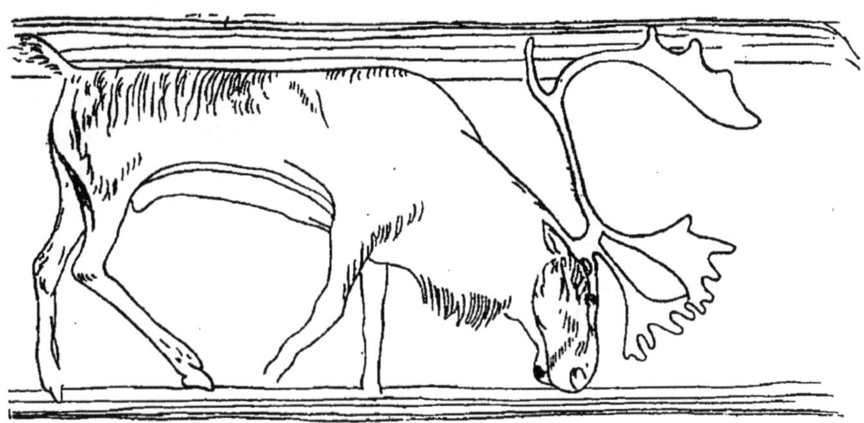

Fig. 50. — Renne gravé sur bois de Renne.

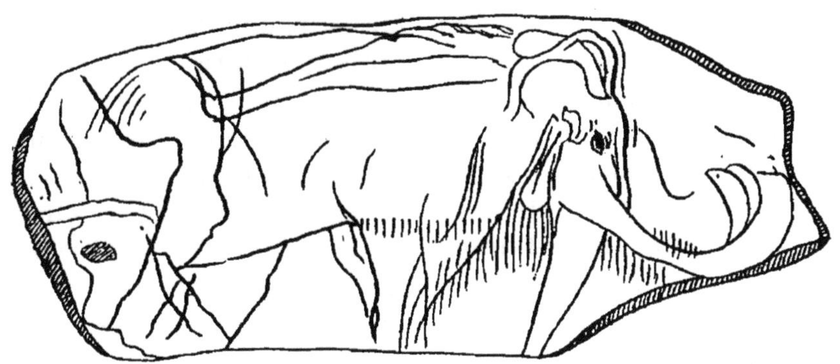

Fig. 51. — Mammouth (elephas primigenius) gravé sur ivoire (la Madeleine.)

2. La race prédominante de cet âge paraît représentée aujourd'hui par les Finnois et les Basques (restes des Ibères), d'après les formes crâniennes et d'après l'ancien vocabulaire qui dénote l'absence des métaux, l'usage de la pierre, la vie nomade. Or les migrations de ces peuples ne sont pas entièrement ignorées de l'histoire ; leur retraite surtout devant les envahisseurs Celtes ne saurait remonter si haut.

3. Les animaux caractéristiques de cet âge ne se sont pas éteints ou n'ont pas été éloignés si tôt. Le renne vivait encore dans les forêts de Germanie au temps de César ; le rhinoceros tichorhinus existe en Espagne avec la pierre polie ; le mam-

mouth lui-même parait avoir laissé des traces récentes en Sibérie et dans la Chine septentrionale. On ferait des observations analogues sur les autres espèces, dont quelques-unes semblent être les souches de races vivant encore dans nos pays (Bos priscus, par ex.)

4° L'âge du Renne et son industrie ne se retrouvent pas en Italie, sans doute parce que la civilisation de la pierre polie et du bronze envahit la péninsule dès cette époque. Ces deux âges paraissent coexister en Espagne.

Toutes ces considérations, et particulièrement la dernière, nous porteraient à rajeunir l'âge du Renne et à le comprendre entre les dates de — 3 000 (ou — 2500) et — 1 500 (ou — 1200).

4° *Age chelléen.*

La *première apparition* certaine de l'homme dans l'Europe centrale et occidentale, caractérisée par des silex plus ou moins grossièrement taillés ou éclatés, dits chelléens (Fig. 47), appartient à la fin de la phase interglaciaire. La preuve en est : 1° son absence des alluvions les plus anciennes ; 2° le peu d'épaisseur (jamais plus de 10 m.) des dépôts qui recouvrent ses restes et ceux de son industrie. La faune contemporaine de l'homme confirme en général ce résultat. — On a estimé que cette apparition correspond environ au *dernier quart ou cinquième de la principale phase interglaciaire*.

Ceci posé, nous nous retrouvons en présence des *deux systèmes* déjà appliqués au Magdalénien.

Dans le *premier*, la grande extension glaciaire remonte à 30 000 ans et l'homme à 15 000 (au plus). L'homme Chelléen irait de cette date à 8 000 environ, début du Magdalénien. — Quelques peuplades insignifiantes errant pendant 6 000 ans dans nos riches contrées, sans se multiplier et sans perfectionner sensiblement leur outillage ; puis, les habitants des cavernes, un peu plus respectables, évoluant lentement dans un laps de 2 000 à 3 000 ans, tel est l'idée que ce système chronologique nous présente de la puissance évolutive de l'homme primitif.

Dans le *second* système, l'homme quaternaire marche plus vite, mais encore fort à son aise. La grande extension glaciaire ne date pas de plus de 10 000 ans ; la petite, de plus de

6 000. L'homme apparaît dans l'Europe centrale et occidentale vers 7 000 (— 5 000 de l'ère chrétienne).

Le magdalénien, dû peut-être à une race nouvelle, commence chez nous vers — 3 000 et cède le pas vers — 1 500 à — 1 200 à la civilisation néolithique, civilisation qui lui a fermé l'Italie en occupant de bonne heure cette terre méditerranéenne. — Le *préhistorique* se relie ainsi d'une manière naturelle, et sans disproportion de durée, aux temps *historiques* de nos contrées. Il est vrai qu'il devient du même coup contemporain des grandes civilisations orientales (Babylone, Egypte) ; mais ne voit-on pas de nos jours encore des populations barbares et sauvages côtoyer les civilisations les plus avancées ? C'est l'observation fort sage de M. de Lapparent (1). « La civilisation a pénétré tardivement dans l'Europe, dont les parties septentrionales ont dû être occupées par l'homme de proche en proche, à mesure que diminuait le domaine des glaces, et il est fort à présumer qu'à l'époque où s'épanouissait la civilisation des premières dynasties égyptiennes, les habitants de nos contrées, *s'il y en avait* (nous soulignons), ne se servaient pas encore de métaux. »

(1) *Traité de Géologie*, 4e édition, p. 1575.

ARTICLE QUATRIÈME

ORIGINE ET DÉVELOPPEMENT DE LA VIE (1)

Emittes spiritum tuum et creabuntur, et renovabis faciem terræ.
(*Ps.* CIII, 30.)

TABLEAU SYNOPTIQUE

	Sujet	§	Division	
	Etat de la question	§ 1er		
	Génération spontanée	§ 2e	Exposé	I
			Réfutation	II
Transformisme ou Évolutionisme	Faits pour ou contre	§ 3e	Exposé des faits favorables	I
			Rectifications et faits contraires	II
			Conclusions (bilan du transformisme)	III
	Théories pour expliquer les transformations	§ 4e	Action des milieux et sélection naturelle	I
			Principe immanent	II
			Action divine immédiate sur l'œuf	III
	Descendance simienne de l'homme		Différences organiques	I
			Absence de lien paléontologique	II
			Découvertes préhistoriques et ethnographiques	III
			Aveux et conclusion	IV

§ 1er. — État de la question.

Deux faits sont certains : 1° *La vie n'a pas toujours existé sur la terre.* Cette vérité résulte de l'état primitif du globe, état d'ignition incompatible avec toute vie, avec l'existence

(1) Voir sur ce sujet *Transformisme et Darwinisme*, par l'abbé Lavaud de Lestrade (Haton 1885), ouvrage clair et méthodique, dont nous n'avons pu cependant adopter toute l'argumentation ; — *Les Origines*, par l'abbé Guibert (Letouzey), ouvrage plus nouveau, plus au courant, par suite, de l'état actuel des questions, et sympathique à l'évolutionisme modéré (la dernière édition développe davantage les objections) ; — Comptes rendus des Congrès catholiques (Guillemet, pour ; Boulay, contre ; etc.)

de tout germe ; 2° *Les diverses espèces d'êtres vivants ont apparu à diverses époques.* Toute la géologie stratigraphique, notamment la distinction des couches par les fossiles, est là pour le démontrer.

Quelles sont donc les causes de l'apparition et de la succession des êtres vivants ? Voici les deux réponses les plus extrêmes, comprenant chacune des éléments séparables et séparément discutables.

1. *Création immédiate* de chaque espèce : Dieu, dans les circonstances favorables par lui préparées, a formé lui-même, de la matière brute, tel ou tel organisme, et l'a animé ; ou plutôt, il a infusé à la matière encore inorganique tel principe vital chargé de cette formation.

2. *Génération spontanée* des organismes les plus inférieurs, en ce sens qu'ils résulteraient du concours des forces essentielles de la matière brute ; puis, *transformation* et *évolution*, c'est-à-dire passage progressif de cette organisation rudimentaire à toutes les formes spécifiques, même les plus parfaites. En tant qu'il fait dériver l'espèce actuelle d'une espèce ancienne, le *transformisme* prend le nom de *théorie de la descendance* ; en tant que les types primitifs vagues et imparfaits se seraient ramifiés en une foule de formes bien différenciées, c'est la *théorie des ancêtres communs* ; en tant que le résultat est l'épanouissement du monde organique actuel, c'est la *théorie de l'évolution*.

Les deux hypothèses que renferme la seconde réponse n'intéressent directement la foi qu'en ce qui concerne l'origine de l'*homme*. La théologie, appuyée sur la Genèse (I, 26, 27 ; II, 7, 21, 22) et sur la plus exacte philosophie, nous apprend à considérer ce chef-d'œuvre et ce roi de la création visible comme formé immédiatement par la toute-puissance divine. — La *génération spontanée* de certains animalcules au sein de la matière inorganique, la production de certains autres aux dépens d'un organisme supérieur en putréfaction (*hétérogénèse*) étaient admises au moyen âge sur la foi d'une observation grossière (pas de microscope alors pour révéler les germes imperceptibles). On cherchait à expliquer ces faits prétendus par des influences sidérales et par des forces secrètes mises par Dieu dans la nature : c'était pour nos pères une suite affaiblie et un témoignage permanent de cette fécondité créatrice, qui, à l'origine, avait fait éclore toute vie sur la terre. — Quant au *transformisme*, c'est une thèse à peu près nouvelle, proposée nettement pour la première fois par Lamarck, combattue aussitôt par Cuvier, mise plus tard en vogue par Darwin. Elle sourit à nombre de savants bien intentionnés ou même chrétiens (Albert Gaudry en France, Saint-Georges-Mivart en Angleterre), parce qu'elle met dans la production du monde vivant l'enchaînement de causes secondes qui a caractérisé l'évolution du monde inorganique ; cet enchaînement, prôné sous le nom de *loi de continuité*, leur parait digne de la sagesse divine. — Toutefois, la première hypothèse est encore invoquée et la seconde exploitée en faveur des doctrines panthéistes et matérialistes. La peur du miracle est, pour plusieurs, la raison décisive qui fait passer sur toutes les invraisemblances tirées des faits : « Qui ne croit pas à la génération spontanée (pour l'origine première) admet l'hypothèse irrationnelle d'un miracle, d'une création surnaturelle. C'est une hypothèse nécessaire, et qu'on ne saurait ruiner, ni par des arguments *à priori*, ni par des expériences de laboratoire. » Ainsi s'exprime Soury, résumant la pensée d'Hœckel dans la préface d'une traduction. Perrier, de même, regarde un transformisme restreint comme inutile, parce qu'il laisse subsister le miracle.

Nous discuterons au contraire ces hypothèses au point de vue des faits plutôt que des possibilités *à priori*.

---

§ 2e. — **Génération spontanée.**

I. Exposé.

Les organismes inférieurs apparaissent par le seul jeu des forces connues de la physique et de la chimie (dont la vie n'est qu'une résultante), toutes les fois qu'une température modérée et le rapprochement des éléments convenables permettent cette élaboration.

Quelques-uns cependant admettent une force vitale spéciale,

mais essentiellement inhérente et commune à toute matière. Elle ne se manifeste que dans les conditions énoncées ci-dessus.

II. Réfutation.

Nous établirons trois points : 1° les forces physico-chimiques ne peuvent produire la vie ; 2° la vie, quel qu'en soit le principe, n'apparaît plus aujourd'hui sans germe préexistant, dans le milieu le mieux préparé ; 3° les substances susceptibles de recevoir la vie ne sont point élaborées par la nature en dehors des organismes.

1° *Les forces physico-chimiques ne peuvent produire la vie.*

Elles ne le pourraient que si la vie n'en était qu'une résultante. Or, il y a opposition formelle entre les lois qui gouvernent l'activité physico-chimique dans les corps bruts et les lois de la vie, même de la vie réduite à son degré inférieur, aux fonctions nutritives (1). — En effet, dans le monde inorganique, les éléments, réglés dans leurs mouvements par les

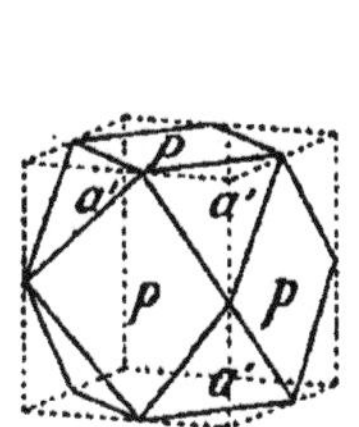

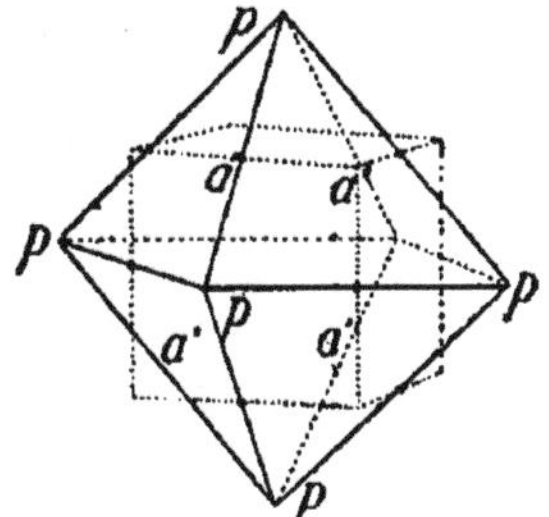

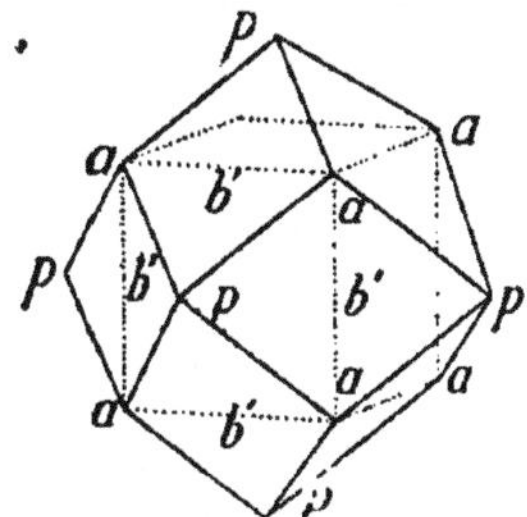

Fig. 52. — Exemples d'édifices moléculaires stables (cristaux).
Cubo-octaèdre. Octaèdre. Dodécaèdre rhomboïdal.

lois mécaniques de la masse, de la direction et de la distance, tendent à un équilibre de repos. L'édifice d'un corps brut est d'autant plus stable que l'immobilité et l'uniformité y règnent, dans une unité (cohésion) purement accidentelle (Fig. 52). — Dans les individus vivants, au contraire, on ob-

(1) C'est à ce degré qu'on peut supposer la vie réduite dans le micro-organisme qui naîtrait spontanément. Au transformisme rigoureux d'expliquer l'évolution de l'irritabilité végétative en sensibilité consciente et de celle-ci en intelligence raisonnable. Nous renvoyons à la philosophie la réfutation de cette doctrine matérialiste.

serve une structure organique d'autant plus compliquée que l'unité, c'est-à-dire la dépendance mutuelle des parties, est plus grande. Cette structure, réglée par un but fonctionnel, relève si peu d'un équilibre statique, que l'arrêt du mouvement interne en amène la ruine. Elle se maintient au contraire au milieu, et, l'on peut dire, à l'aide d'un mouvement continuel d'échanges avec le milieu extérieur : c'est le tourbillon vital (*vita in motu*) (Fig. 53 et 53 bis). Elle imprime

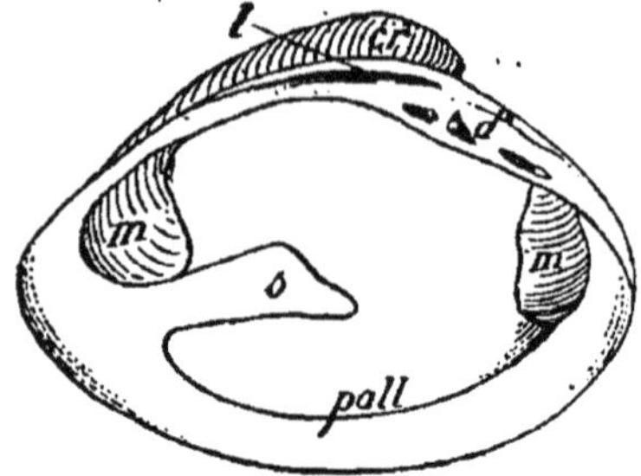

Fig. 53. — Lamellibranche dimyaire à siphon : valve gauche : cr, crochet ; l, ligament ; d, dents. Impressions : mm, des muscles ; pall. du manteau ; s, du siphon.

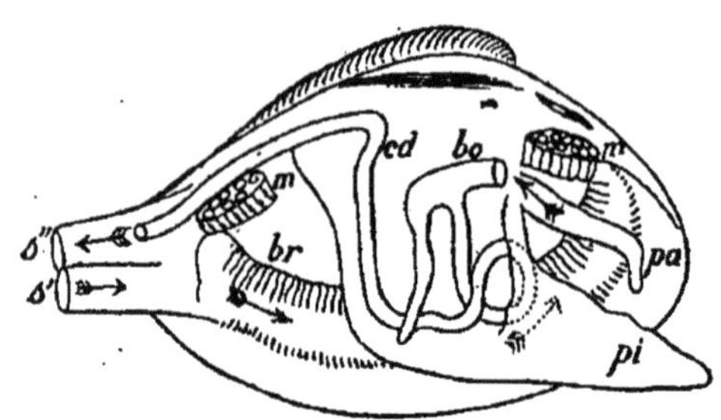

Fig. 53 bis. — La même avec l'animal. — bo, bouche ; pa, palpe ; cd, canal digestif ; br, branchies ; s' s'' siphon : s'amène l'eau aux branchies et à la bouche ; s'' l'emmène ; mm, muscles coupés ; pi. pied fouisseur.

une direction parfaitement ordonnée aux forces chimiques et physiques de ses éléments matériels, en vue de travaux intérieurs et extérieurs. Mais ces forces (il faut bien le remarquer), occupées à une lutte incessante d'action et réaction sur le monde extérieur, ne peuvent rendre à l'organisme tout ce qu'elles en reçoivent : l'organisme se détruit en transformant leurs énergies, il ne peut se reconstruire par elles seules. A plus forte raison, ces forces ne peuvent-elles, suivant des lois et un plan qu'elles ne renferment pas, développer, au moyen des masses brutes ambiantes, l'ébauche informe de l'organisme futur, contenue (si tant est quelle y soit réellement) dans cette cellule vivante qu'on appelle œuf ou germe. A plus forte raison encore, et c'est là toute la question de la génération spontanée (du moins dans sa conception ordinaire) ne peuvent-elles former cette ébauche, cette première structure directrice dans une masse brute d'albumine (1).

(1) « Dans tout germe vivant, dit Claude Bernard, il y a une *idée créative*, qui se développe et qui se manifeste par l'organisation. » — « La fonction, dit Milne Edwards, préexiste à l'organe et crée l'organe. » Il entend sans doute comme nous

Quant à la force organisatrice spéciale inhérente à toute matière et prête à se manifester dans les conditions favorables, l'expérience va nous prouver son absence, aussi bien que l'impuissance génératrice des forces physico-chimiques déjà écartées en théorie.

2° *La vie n'apparaît plus aujourd'hui, sans germes préexistants, dans le milieu le mieux préparé.*

On fait macérer dans l'eau des débris organiques : c'est ce qu'on appelle une *infusion.* L'infusion contient rapprochés les éléments multiples des tissus vivants : c'est donc bien là qu'à l'aide d'une douce chaleur et d'une aération vivifiante, devraient se manifester les forces organisatrices. De fait, une infusion exposée à l'air, ou même enfermée sans précaution dans un vase clos, ne tarde pas à se remplir d'animalcules plus ou moins microscopiques, à organisation plus ou moins rudimentaire : on les nomme pour cela *infusoires.*

Mais les expériences soigneusement conduites de Pasteur et même du matérialiste Tyndall ont établi, contre Pouchet et Joly, que, si l'on tue par une chaleur de 100° tous les germes contenus dans l'infusion ; et si l'on n'y laisse rentrer que de l'air parfaitement tamisé à travers le coton ou la ouate, il ne se développe aucun organisme. Les infusoires proviennent donc tous des germes adhérents aux débris organiques ou mêlés en grand nombre (comme on le constate aisément) aux poussières atmosphériques.

La nature brute aurait-elle pu, à l'origine, par ses seules forces, ce qu'elle ne peut plus aujourd'hui ?

3° *Les substances susceptibles de recevoir la vie ne sont pas élaborées par la nature hors des organismes.*

Les éléments des infusions sont empruntés au monde vivant. Le laboratoire des chimistes n'a pu produire, malgré des artifices délicats, les substances organiques d'ordre supérieur,

---

que l'âme douée d'une fonction forme l'organe dont elle a besoin pour exercer cette fonction, non, au sens transformiste, que l'exercice rudimentaire d'une fonction développe l'organe approprié à un exercice plus parfait de la même fonction : V. g. un protoplasme se transformant en œil sous l'action de la lumière.

telles que l'albumine, qui fait partie intégrante du protoplasma vivant (1). Le monde minéral ne présente que des combinaisons simples et stables, en rapport avec les procédés qui leur donnent naissance. Et pourtant, ce n'est pas seulement de l'albumine qu'il faudrait comme acheminement à la génération, mais ce mélange bien proportionné d'albumine, de graisse, de sucre, etc., qui constitue le matériel complexe de la cellule vivante. La nature, avant la première éclosion de la vie, n'a rien pu fournir de semblable (2).

Conclusion.

Point d'organisation spontanée, soit en principe, soit en fait ; point même de composés minéraux naturels qui soient susceptibles d'organisation et de vie : nécessité, par conséquent, d'une puissance extra-naturelle, faisant éclore la vie à un moment librement quoique sagement choisi (3).

---

§ 3e. — Faits pour ou contre l'évolutionisme.

I. Exposé des faits favorables.

Ces faits, plus ou moins susceptibles d'être généralisés sous forme de *lois*, sont : 1° l'enchaînement ou *continuité* des phénomènes naturels ; 2° l'*unité de plan* sous la diversité appa-

(1) On ignore même la composition exacte de ces molécules *protéiques*, presque constantes chimiquement avec les changements de propriétés les plus étonnants et les plus faciles.

(2) On trouva, lors de l'expédition du Challenger, dans de l'eau ramenée des grands fonds marins, une substance d'apparence gélatineuse, à laquelle l'imagination prêta des mouvements spontanés. C'était, à n'en pas douter, la vie saisie à ses débuts. Hœckel se fit le parrain enthousiaste de ce protoplasme fondamental et le baptisa *Bathybius* (vie des profondeurs). L'analyse chimique et l'examen des circonstances ont établi que Bathybius n'était qu'un précipité de *sulfate de calcium*, déterminé par les réactifs dont on s'était servi pour étudier les organismes microscopiques du liquide.

(3) Nous ne pensons pas qu'on prenne au sérieux les germes éternels ou venus d'autres astres antérieurement habités, germes qui seraient tombés sur notre planète à travers les espaces célestes. Outre qu'on n'observe actuellement rien de semblable, les impossibilités physiques et métaphysiques s'accumulent ici, et pour reculer seulement la difficulté.

rente des organismes : 3° le parallélisme entre la série des formes spécifiques et les phases de l'*évolution embryonnaire* ; 4° l'*indétermination de l'espèce* ; 5° les *variations actuelles* ; 6° l'*évolution paléontologique*, qui présente les chefs de preuves les plus variés et en même temps les plus directs.

1° *Continuité.*

1. Chaque fait à sa cause dans un fait antérieur. On l'admet sans réclamation pour le monde inorganique, dans l'évolution duquel la partie sûrement constatée (géogénie) se soude intimement à la partie hypothétique (Laplace et Faye). On le voit dans l'évolution de l'œuf, masse presque homogène, qui se déploie graduellement en un merveilleux organisme.

Pourquoi toutes les variétés actuelles de la vie ne seraient-elles pas le dernier terme de l'évolution, par mille intermédiaires, d'une forme primitive très simple, et comme les membres développés d'un grand corps ?

2. On ne saisit point sans cela la raison de tant de formes plus ou moins imparfaites, que Dieu aurait replongées dans le néant pour y substituer en fin de compte les formes actuelles.

2° *Unité de plan.*

1. Les grands groupes naturels, tels que celui des vertébrés, présentent les *mêmes pièces principales disposées de la même manière*. Ainsi on reconnaît dans l'aile de la chauve-souris, même dans celle de l'oiseau, même dans les nageoires pectorales des poissons les os principaux du bras de l'homme ; les points d'attache des membres à la colonne vertébrale sont les mêmes.

Les modifications se réduisent souvent à la *soudure* des pièces, distinctes d'ailleurs dans l'embryon, ou bien à des développements inégaux, qui résultent du *balancement des organes*, l'un prenant de l'importance aux dépens de l'autre en vue d'une fonction spéciale. Chez l'oiseau, par exemple, la main se réduit et les poils se développent en plumes ; chez le poisson, les branchies se développent et le poumon rudimentaire est restreint au rôle de vessie natatoire.

On résume cette loi de conservation du plan en disant que

les modifications anatomiques sont beaucoup moins grandes que les modifications fonctionnelles (1).

2. Le plan est si bien conservé, que des *organes* subsistent *à l'état rudimentaire,* sans aucune destination utile (ailes de l'autruche, doigts latéraux des ruminants), ou se rencontrent dans l'embryon seulement, alors précisément que leur fonction est impossible (incisives et canines embryonnaires du mouton).

N'est-il pas naturel d'expliquer l'unité de plan par l'unité d'origine, comme on a fait pour l'uniformité du mouvement des planètes ? Les organes rudimentaires surtout auraient-ils place dans des organismes créés directement pour leurs fins particulières, et ne sont-ce point les pierres d'attente d'un perfectionnement (vessie natatoire du poisson) ou le vestige d'une disposition rendue inutile par un progrès (doigts latéraux des bisulques) ?

3° *Evolution embryonnaire.*

1. *Chaque espèce passe par des formes embryonnaires fort analogues aux types inférieurs.* L'homme est d'abord presque poisson (cœur à deux cavités, fentes branchiales) puis reptile (trois cavités), avant d'acquérir la forme mammifère (quatre cavités). Dans une sphère plus humble, nous citerons l'araignée, munie dans l'œuf d'une queue articulée comme celle du scorpion ; le crabe, dont la queue, d'abord proportionnée comme celle de l'écrevisse, reste à l'état rudimentaire par suite d'une évolution supérieure des pattes (2). Ce qui est plus étonnant, l'embryon de certains poissons (les *squales*) présente des *organes segmentaires,* sortes de reins composés de parties symétriques qui forment une chaîne le long du corps : or, les organes segmentaires sont les organes excréteurs des vers adultes. — S'il y a des différences entre la série des phases embryon-

(1) « Ne semble-t-il pas, disait Buffon, que l'Être Suprême n'a voulu employer qu'une idée, et la varier en même temps de toutes les manières possibles, afin que l'homme pût admirer également et la magnificence de l'exécution et la simplicité du dessin ? »

(2) Les exemples sont innombrables. L'abbé Guillemet cite la *Fissurelle* (mollusque gastéropode à coquille conique comme celle de la Patelle), qui prendrait d'abord et successivement des formes voisines de Natica, Flabellina, Emarginula, Rimula (Congrès de Bruxelles 1894).

naires et celle des formes adultes, elles sont dues aux différences des conditions extérieures de vie. Les organes transitoires sont encore utiles dans les *larves*, premières formes libres des animaux à métamorphoses ; ils ne sont plus, dans les embryons, que les témoins, très instructifs en faveur du transformisme, d'une vie libre antérieure. Mais la nature tend à simplifier le processus en supprimant les inutilités ; certaines phases sont comme sautées par suite de cette simplification : c'est ce que Perrier appelle loi de *l'accélération embryogénique* (1).

2. *Fécondité anticipée ; arrêt de développement.* — On sait qu'après la sortie de l'œuf nombre d'espèces présentent sous le nom de *larves* une forme et un genre de vie souvent bien différents de l'état parfait, qu'ils atteindront par une dernière évolution : telles les larves vermiformes des coléoptères, les chenilles des papillons. Ces larves, très généralement, ne sont pas fécondes. Cependant on observe des cas de *fécondité* régulièrement *anticipée* avant le parfait développement : tel est le cas d'un brachiopode (*Magellania rosea*) fécond sous des formes embryonnaires qui rappellent les antiques *Magas* et *Terebratella* (Fig. 55) ; tel un insecte diptère (cecidomya vivipara). Quelquefois même les circonstances de milieu forcent l'animal à garder jusqu'au bout sa forme larvaire, tout en acquérant sa taille définitive et la fécondité : c'est le cas de l'*axolotl* ou *Siredon* du Mexique. On mettait cet amphibien urodèle dans la famille des *perennibranches*, qui conservent, à l'état adulte, des branchies externes, et l'on a été tout étonné de voir quelques individus, nés dans les aquariums européens, s'élever avant l'âge adulte au degré de *salamandres* (pas de branchies à l'état adulte). Cela á permis d'identifier spécifiquement l'*axolotl* mexicain avec l'*amblystoma* des Etats-Unis. Il existerait la même connexion entre *Batracoseps* (pérennibranche) et *Menobranchus* (abranche). Enfin on aurait ob-

---

(1) On peut prendre sur le fait cette influence des conditions de vie chez certaines espèces, (par ex. *alphœus heterochelis*, crustacé marin), où la sortie de l'œuf se fait à différents âges ; il y a dans leur développements des différences en rapport avec cette variation de la date de l'éclosion.

Edmond Perrier attache une importance capitale à une *loi de formation* qu'il a approfondie. Nous avouons n'y voir qu'une conséquence de l'unité de plan général : c'est l'unité de plan en action, et elle en subit toutes les restrictions.

servé des espèces de *Tritons* occasionnellement pérennibranches. L'axolotl donc et plusieurs autres formes adultes pérennibranches (sinon toutes) seraient autant d'exemples *d'arrêts de développement*.

Interprétation transformiste. — Les étapes embryonnaires et larvaires d'un animal ne seraient que la reproduction abrégée et accélérée des étapes beaucoup plus nombreuses, plus longues et plus pénibles par lesquelles il a conquis autrefois sa place dans la hiérarchie des êtres, et, comme on dit, *l'embryogénie* (développement embryonnaire) *n'est que l'histoire en raccourci de la phylogénie* (développement de la famille). Il fallait, et du temps pour lui apprendre à parcourir facilement et rapidement ces stades, et un milieu favorable pour conquérir sa forme définitive. Il s'arrêtait provisoirement dans chaque stade inférieur, s'y montrant à l'état adulte par arrêt de développement. Les types restés inférieurs sont des formes engagées dans une voie sans issue pour le progrès.

4° *Indétermination de l'espèce.*

L'incertitude des limites qui séparent les formes est telle, que la question de savoir si l'on a affaire à des espèces douées de caractères inamissibles ou à de simples races, c'est-à-dire à des variétés plus ou moins fixées, devient de plus en plus insoluble pour le savant attentif et consciencieux. Ainsi la nomenclature des nombreuses espèces des genres *rose* et *ronce* est pleine de désaccords et de confusion. Les *foraminifères* tant anciens que modernes ne se distinguent les uns des autres que par le nombre et la disposition des loges ou par la structure du test, et ces caractères sont inconstants. Beaucoup d'espèces fossiles présentent la même indécision, telles les *rhynchonelles* à un, deux ou trois plis médians, qui se récla-

Fig. 54. — Rhynchonella cynocephala.

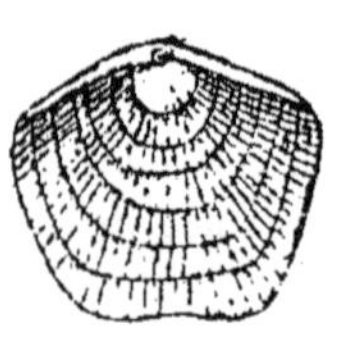

Fig. 55. — Terebratula numismalis.

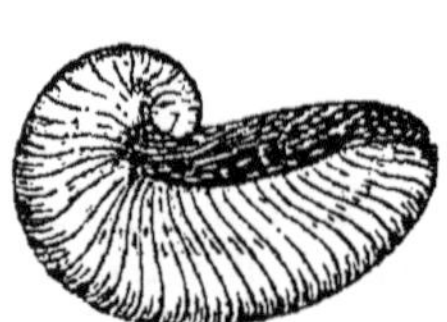

Fig. 56. — Gryphée arquée.

Fig. 57. — Pleurotomaria conoïdea.

ment de *rhynchonella cynocephala* (Fig. 54), les gryphées, arcuata (Fig. 56), cymbium et gigantea, dont le crochet va en s'atténuant, certains pleurotomaires (Fig. 57). Donc l'espèce n'est qu'une variété plus ou moins stable.

5° *Variations actuelles.*

1. Il se produit sous nos yeux bien des variations, grâce à l'industrie humaine et même au changement naturel des milieux : telles les races du chien, du cheval (1). Les transformations ont lieu insensiblement ou brusquement (ce dernier cas n'est guère possible, pour les animaux supérieurs, que dans le stade embryonnaire). On cite une race de bœufs sans cornes qui s'est multipliée rapidement dans l'Amérique du Sud. — Les caractères physiologiques, les instincts même, se modifient comme les formes : témoins, le chien courant, le chien couchant, le chien de garde, de berger.

2. Les races arrivent quelquefois à une telle différenciation qu'elles ne se croisent plus entr'elles : tels le chat du Paraguay, le lapin de Porto-Santo (Madère), qui ne se croisent plus avec les espèces domestiques dont ils sont issus.

Conséquences. — On doit reconnaître que l'espèce, à ses débuts, était plus plastique qu'aujourd'hui ou soumise à des énergies modificatives plus puissantes : car l'origine des grandes races humaines, des races principales de chiens se perd dans la nuit des temps. Ces races sont des formes que l'espèce primitive contenait en germe, que l'action des milieux a suscitées et que l'hérédité a fixées. — Que sera-ce, si l'on se reporte à ces grandes révolutions géologiques, qui, en modifiant profondément les milieux vitaux, ont forcé pour ainsi dire, la nature vivante à périr ou à se transformer ? Pourquoi une différenciation plus grande, dans un sens généralement progressif, n'aurait-elle pas amené, à force de temps, la distinction de toutes les espèces actuelles, les unes définitivement fixées, les autres encore flottantes ?

---

(1) Telles trois formes d'un petit crustacé, qu'on a obtenues en modifiant lentement la salure de l'eau : *Artemia Milhausenia*, des eaux les plus concentrées des marais salants ; *Artemia salina*, des eaux moyennement salées ; *Branchipus stagnalis*, des eaux douces. On voit, par les noms mêmes, qu'on faisait auparavant trois espèces et même deux genres différents.

6° *Faits d'atavisme.*

On rencontre souvent, chez l'homme ou l'animal, un caractère rappelant un ascendant éloigné : c'est ce qu'on appelle *atavisme.* Or ce caractère, quelquefois anormal et comme monstrueux, rappelle alors une autre espèce, marquant ainsi une descendance commune. Ainsi, les canines anormalement développées chez l'homme dénoteront une affinité simienne.

7° *Faits paléontologiques.*

C'est dans les strates anciennes que le transformisme doit trouver ses preuves définitives, preuves de fait qui priment toutes les autres. Nous donnons donc un développement spécial aux considérations de cet ordre, et notre 7° comporte plusieurs subdivisions importantes.

I. *Transitions insensibles* d'espèce à espèce. — Ces transitions, constatées dans le présent sous forme d'indétermination spécifique, affectent dans le passé géologique le caractère successif d'une véritable évolution. Telles les *gryphées* jurassiques (Fig. 56), qui passent aux *exogyres* crétacées, et celles-ci aux *huîtres* actuelles. Telles les *paludines vivipares* du Miocène de Slavonie, qui passent insensiblement de la forme à tours lisses (*paludina Neumayri* de la couche inférieure) à la forme à tours carénés (*Tulostoma Hœrnesi* de la couche supérieure). Tel l'*elephas meridionalis* du pliocène, qui passe, à travers le quaternaire, par les formes *intermedius* et *antiquus*, pour aboutir

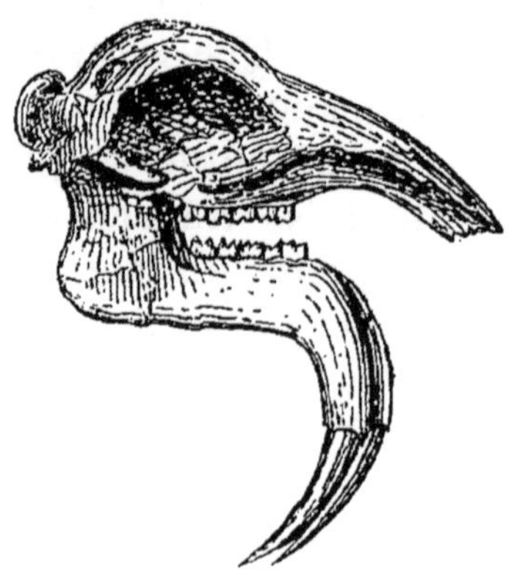

Fig. 58. — Dinothérium : crâne et machoires

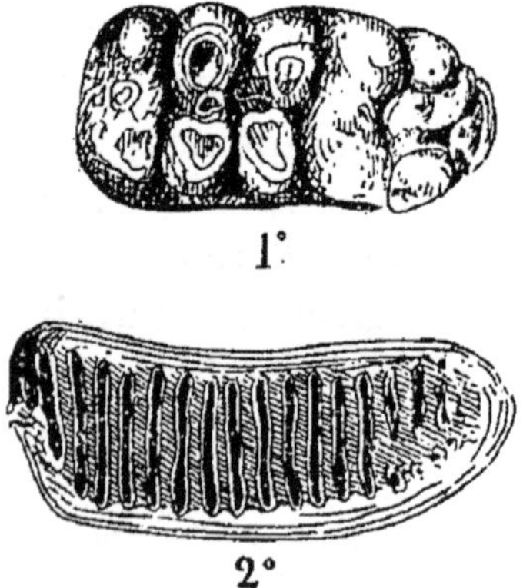

Fig. 59. — Couronne des molaires : 1° de mastodonte ; 2° d'éléphant.

à l'*elephas africanus* actuel. On a même trouvé 26 transitions graduées entre les dents mamelonnées des mastodontes et les dents lamelleuses des éléphants (Fig. 59).

II. *Enchaînement des types.* — Sans toujours constater ces transitions insensibles, dont les chaînons peuvent avoir disparu, on rencontre quelquefois dans la même classe, souvent dans la même famille, un enchaînement remarquable : c'est ce qu'on remarque particulièrement chez les céphalopodes ammonitidés, dans lesquels les plissements des cloisons et les enroulements offrent toutes les variétés (Fig. 60 à 63), chez les

Fig. 60. — Ceratites nodosus (du Muschelkalk).

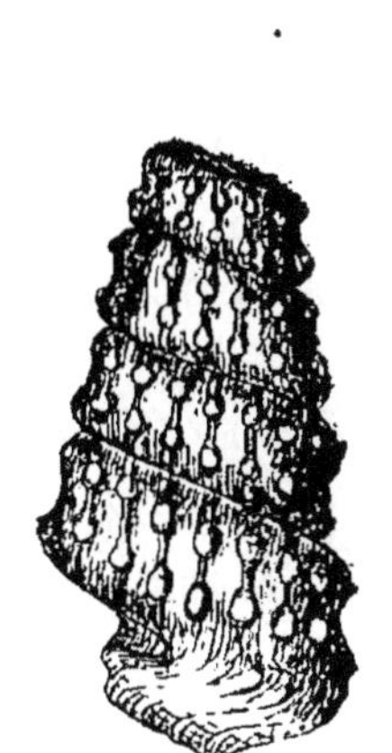

Fig. 61. — Turrilites costatus (ét. cénomanien).

Fig. 62. — Ancylocéras Matheroni (ét. aptien)

Fig. 63 — Baculites anceps (ét. sénonien)

mammifères pachydermes, par ex. du paléothérium à l'hipparion et de celui-ci au cheval (Fig. 64), du dinothérium armé de défenses inférieures (Fig. 58), par le mastodonte armé de 4 défenses, à l'éléphant armé de défenses supérieures.

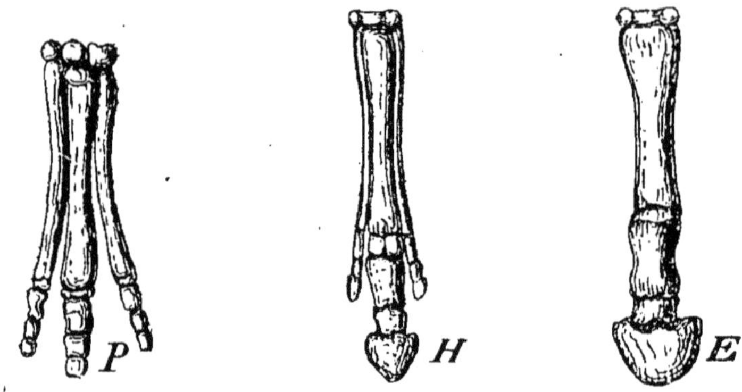

Fig. 64. — Pieds de devant de : Paléothérium (P), hipparion (H), cheval (Equus, E).

III. *Analogie des faunes successives dans un même pays.* — Ainsi, les *marsupiaux* (1) peuplent presque exclusivement l'Australie, où ils continuent une faune tertiaire de plus grande taille. Ainsi les mammifères *édentés* en Amérique ; les *phasianidés* (faisan, paon etc.) au pied de l'Hymalaya. D'ailleurs les provinces biologiques relèvent moins des divisions géographiques actuelles que des continents anciens. — Voilà sans doute des indices de descendance et de commune origine.

IV. *Progrès des types.* — Apparaissent successivement les *invertébrés* (brachiopodes, mollusques, crustacés) dès le Cambrien, les poissons au Silurien, les amphibiens ou batraciens au Carboniférien, les reptiles au Trias, les marsupiaux, les oiseaux au Jurassique, les mammifères ongulés à l'Eocène, les

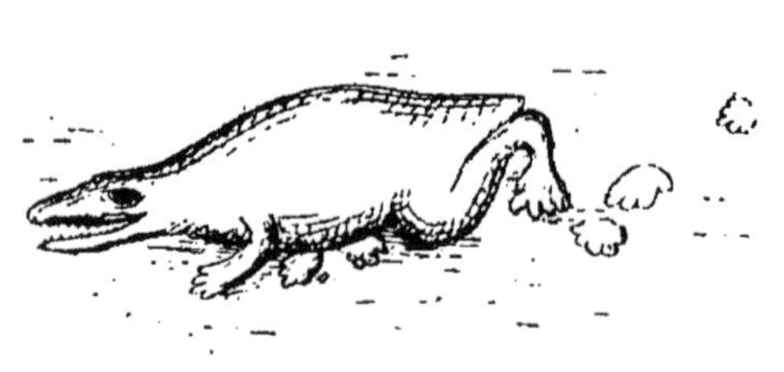

Fig. 65. — Labyrinthodonte (classe des amphibiens)

Fig. 66. — Portion de la coupe transversale d'une dent de labyrinthodonte : c, cavité centrale.

(1) Mammifères dégradés, que caractérise une poche abdominale extérieure (marsupium), où les petits, qui sont nés très imparfaits, achèvent leur développement quasi-embryonnaire.

carnassiers, les singes au Miocène, enfin l'*homme*. La classe des mammifères, on le voit, progresse des marsupiaux jusqu'à nous. Il y a des progrès non moins certains dans l'intérieur de plusieurs autres classes : crustacés, insectes, oiseaux, etc.

Il est vrai quequelques-unes, *amphibiens* (Fig. 65,66), *reptiles* (Fig. 34, 35, à la p. 50) parmi les animaux, et, parmi les végé-

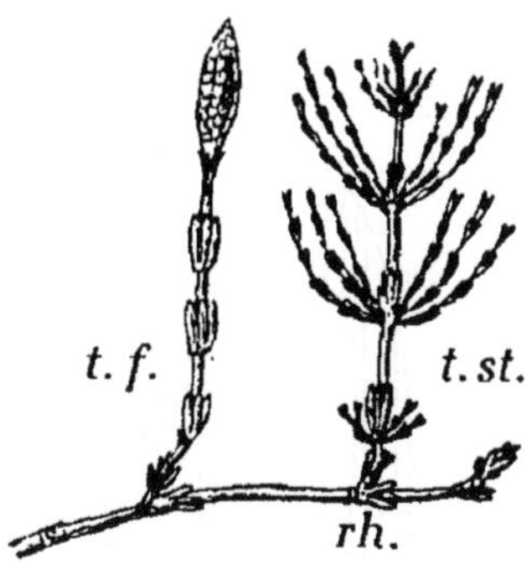

Fig. 67. — Prêle actuelle (Equisetum arvense) avec rhizôme (rh), tige fertile (tf) et tige stérile rameuse (t. st.)

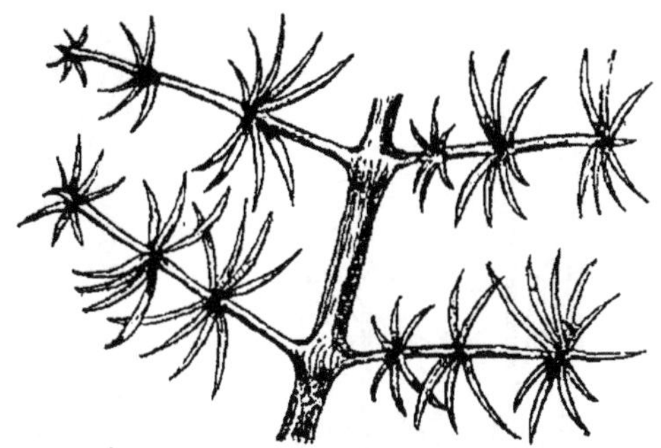

Fig. 67 bis. — Astérophyllites portés par un calamodendron, équisétacée primaire arborescente.

taux, *équisélinées* (Fig. 67 bis, 68), *lycopodinées* (Fig. 69, 70, 70 bis), atteignent, dès les temps primaires ou secondaires, leur maxi-

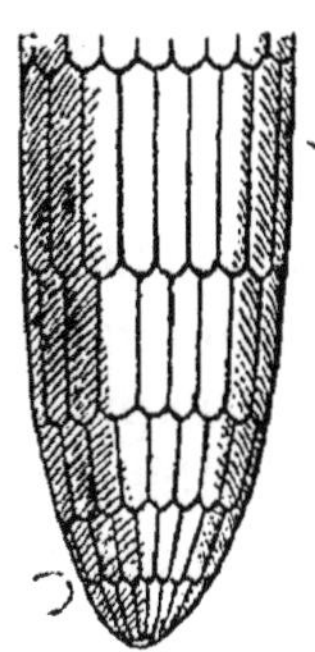

Fig. 68. — Base d'une tige de calamite. (équisétacée primaire).

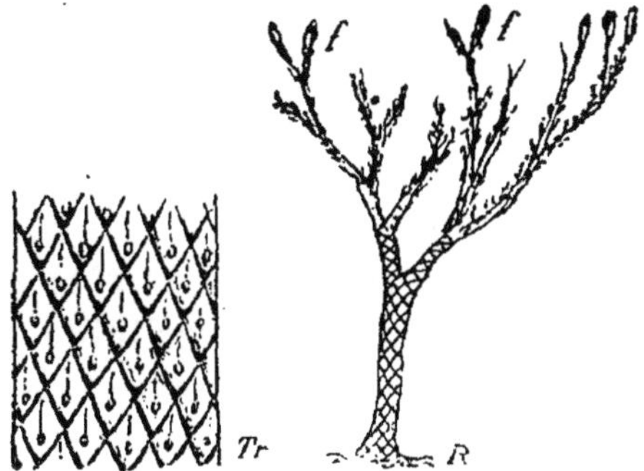

Fig. 69. — Lepidodendron : — Tr, fragment de tronc avec cicatrices des feuilles ; R, restauration, avec fructification, ff.

mum de prospérité en variété et en perfection ; mais on explique aisément cette exception apparente à la loi du progrès. Ces types étaient admirablement adaptés au milieu qui les avait développés, et ils y représentaient le summum de la vie. Le progrès du milieu amena une révolution. Tandis que les plus hauts représentants de ces classes inférieures, trop avancés dans la voie des différenciations et devenus intransformables, s'éteignaient sous l'étreinte des nouveaux climats,

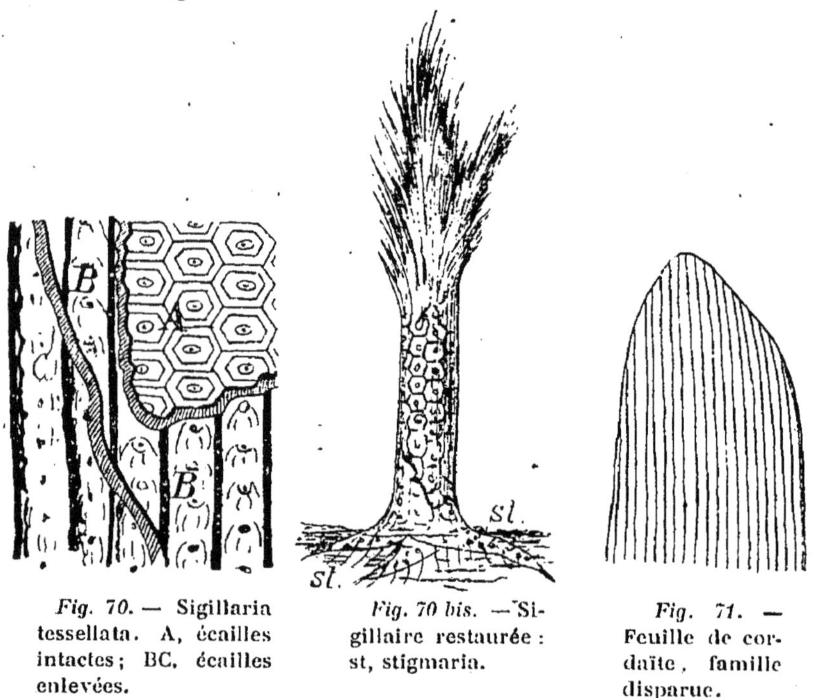

Fig. 70. — Sigillaria tessellata. A, écailles intactes; BC, écailles enlevées.

Fig. 70 bis. — Sigillaire restaurée : st, stigmaria.

Fig. 71. — Feuille de cordaïte, famille disparue.

d'autres formes encore vagues poursuivaient le progrès vers et dans les types oiseau, mammifère et même homme, ces rois des milieux modernes.

Un progrès d'ailleurs, suivant la remarque de Dana, échappa à la restriction précédente. C'est celui de la *céphalisation*, c'est-à-dire de l'importance de la tête et du cerveau par rapport au reste du corps, signe véritable du progrès des facultés cognoscitives. Les amphibiens et les reptiles les plus parfaits d'autrefois ne dépassaient pas ou même n'atteignaient pas sous ce rapport leurs frères prétendus dégénérés d'aujourd'hui. Le progrès de la céphalisation se voit nettement dans le passage des marsupiaux aux premiers pachydermes et de ceux-ci aux ordres plus élevés jusqu'à l'homme.

V. *Formes ancestrales.* — Plusieurs types des plus anciens ont des *caractères* nettement *embryonnaires*, comme les vertèbres caudales développées chez les oiseaux (Fig. 35 bis, à la p. 50), le squelette cartilagineux et sans corps vertébraux d'amphibiens et poissons primaires. — Surtout, on trouve, au début de chaque classe et même quelquefois sur la frontière de deux classes, des *formes incomplètement différenciées*, réunissant dans une synthèse un peu confuse les germes des caractères qui se dessinèrent et se séparèrent chez les types postérieurs : ces formes méritent le nom de *compréhensives*, et, dans les vues évolutionistes, celui d'*ancestrales*. Ainsi les insectes à métamorphoses incomplètes, qui apparaissent dès le Dévonien et le Carboniférien, ne constituent guère alors qu'un seul ordre, où l'on trouve réunis quelques traits ébauchés des orthoptères, névroptères, hémiptères, et même coléoptères. Les poissons dipnés, qui forment transition aux amphibiens ou batraciens par un ensemble de caractères, dont leur double respiration branchiale et pulmonaire est le plus saillant, existaient, abondaient peut-être aux temps primaires : ils seraient la souche des vrais poissons d'une part, des amphibiens d'autre part, et par ceux-ci des reptiles et des oiseaux. Les oiseaux et les reptiles en effet se touchent de plus près à l'époque secondaire, où l'on voit des reptiles bipèdes et même volants (Fig. 34, 35, à la p. 50), des oiseaux armés de dents et d'une longue queue osseuse. Le début des temps secondaires (Trias) voit de singuliers reptiles (*théromorphes*) qui, par des détails de leur squelette et surtout par leur dentition, annoncent les mammifères ; et, si cet ordre ne paraît pas avoir laissé de descendants, du moins il s'établit à la fin du crétacé et au commencement de l'Eocène une faune de marsupiaux et de mammifères normaux, les uns et les autres à caractères ambigus, qui paraissent être la souche des types actuels. Des pachydermes, en effet, à quatre ou cinq doigts, dont nos tapirs, rhinocéros et hippopotames sont les représentants attardés, paraissent évoluer par le paléotherium vers l'hipparion et le cheval (1), par le xiphodon vers les bi-

(1) Arbre généalogique du cheval :

Etages	*Amérique du Nord*	*Doigts*	*Europe*	*Etages*
Eocène	Phénacodon	5	Coryphodon	Eocène
	Eohippus	5		
	Orohippus	4		
Miocène	Mésohippus	3	Paléothérium	
	Miohippus	3 (1 plus grand)	Anchithérium	Miocène
Pliocène	Protohippus	3 (1 seul utile)	Hipparion	
	Pliohippus	1 (2 stylets)	Equus Stenonis	Pliocène
Quaternaire	Equus (disparu)	1 (2 stylets)	— caballus	Quaternaire

sulques porcins et ruminants (1), par l'adapis vers les lémuriens et les singes. Les carnassiers descendraient de marsupiaux insectivores et carnassiers, par le créodonte et les proviverriens. Des canidés, recueillis par M. Boule dans le pliocène du Plateau Central, seraient la souche commune du renard, du loup et du chien.

Conclusion.

Suggérée par l'unité de plan, par l'embryogénie, par le caractère flottant des espèces actuelles, l'idée transformiste trouve sa réalisation dans la paléontologie. Les êtres vivants ont évolué, à partir d'une ou plusieurs formes primitives, par des lignées de descendance réelle, lignées de plus en plus divergentes et généralement ascendantes (quelquefois régressives). A chaque bifurcation est un type ancestral. Certains rameaux s'arrêtent bientôt à des formes inadaptatives, qui s'éteignent ou survivent sans changement. D'autres poursuivent la marche diversifiante vers la réalisation des types les plus élevés. Les progrès sont souvent bien gradués, quelquefois continus. Les difficultés s'expliquent par l'état très incomplet des archives paléontologiques.

II. Rectifications et faits contraires.

Nous suivrons pas à pas les lois alléguées, rectifiant (autant qu'il y aura lieu) soit les faits eux-mêmes, soit leur portée, et leur opposant les faits et lois contraires. Nous nous résumerons en faisant le bilan du transformisme.

---

(1) Arbre généalogique des ongulés bisulques (porcins et ruminants) (*Revue des Quest. Scient.*, octobre 1899, p. 630).

Point de départ comme pour le cheval :

	Coryphodon	Eocène
4 doigts	Anthracothérium	Oligocène
4	Hyopotamus	
4 (dont 2 plus courts)	Hyomoschus	Miocène
2 (avec 2 stylets)	Palæoryx	Pliocène

1° *Continuité.*

1. Cette loi peut être entendue dans un sens large ou dans un sens étroit et rigoureux.

Dans un *sens large*, elle n'exprime qu'une *succession bien ordonnée*, relevant de la sagesse d'une volonté libre, sans lien nécessaire. On comprend que chaque espèce vivante ait apparu lorsque les milieux sont devenus propres à la recevoir, et que, ces milieux subissant eux-mêmes une évolution ordonnée, la vie présente un certain ordre dans ses progrès.

Dans le *sens rigoureux* de la *dérivation nécessaire* des phénomènes les uns des autres, la loi souffre au moins autant d'exceptions qu'il apparaît de natures essentiellement différentes. Ainsi, la première création ne dérive pas fatalement de Dieu, mais procède de sa volonté libre ; la vie végétative, la vie sensitive, la vie raisonnable exigent autant d'actes créateurs, d'après l'expérience pour la première, d'après la saine métaphysique pour les autres. La question est donc de savoir si chaque espèce, dans chaque règne, n'est qu'une variété fixée d'une même essence ou constitue une essence séparée. Nous concevons clairement la seconde hypothèse ; nous ignorons jusqu'à la possibilité métaphysique de la première (1). Cette question ne peut être tranchée par des vues *à priori*.

La création ne s'observe pas aujourd'hui, dit Perrier (2). Pas davantage, répondrons-nous, la génération spontanée et les transformations spécifiques. Les causes actuelles, ici encore, sont impuissantes : à des phénomènes différents il faut chercher des causes différentes. Furent-elles naturelles ou extranaturelles, voilà le point en litige. Dans l'évolution du monde inorganique, nous avons rattaché les phénomènes extraordinaires du passé au jeu des lois générales dans des conditions

(1) Les modifications organiques se conçoivent encore facilement ; mais est-on sûr que les instincts spécifiques, si différents parfois sous des formes presque identiques qu'il est difficile de les expliquer par la différence des organes, est-on sûr que ces instincts puissent se réduire à de simples modalités d'une sensibilité commune, et particulièrement, qu'il n'y ait pas un abîme entre les facultés des vertébrés et celles des invertébrés ?

(2) Voir Emile Blanchard, sur le ridicule de nier la création parce qu'on ne la voit pas (*Cosmos*, 19 octobre 1895, p. 374).

autres que celles d'aujourd'hui : peut-on trouver de même, dans les lois biologiques générales, le principe d'une évolution naturelle conforme aux données paléontologiques ? ou bien, ces lois n'y répugnent-elles pas ?

Les incrédules insistent : L'explication par Dieu doit être rejetée comme *anti-scientifique*. Il faudrait dire simplement *extra-scientifique*, en réduisant la science à la connaissance des enchaînements naturels. Mais on regarde de plus comme contraire à la raison toute explication qui ne relève pas de la science ainsi réduite : si donc des hiatus apparaissent dans l'enchaînement, il faut à tout prix supposer un lien caché. Des savants, ainsi esclaves d'une hypothèse exclusive, peuvent-ils se flatter d'apprécier avec une liberté suffisante les arguments favorables ou contraires à leur thèse ?

2. Quant à la *finalité ancestrale des formes disparues*, c'est assurément une belle vue ; mais elle n'est pas cogente, et doit être vérifiée par les faits. La plupart de ces formes sont restées, de l'aveu de tous, sans descendants. Elles avaient leur raison d'être dans les milieux qu'elles peuplaient et ornaient. Elles annonçaient l'avenir ; quelques-unes le préparaient-elles ? C'est toujours la question.

2° *Unité de plan.*

1. L'unité de plan dans le groupement des cellules vivantes n'existe qu'en s'en tenant aux traits généraux, et de plus en plus généraux à mesure qu'on aborde des groupes plus étendus. C'est à peine si l'on peut admettre un premier stade de formation semblable entre le vertébré et le ver (1). Des plans de plus en plus particuliers, complétant le dessin général, viennent caractériser successivement la classe, la famille, le genre.

L'adaptation à un genre de vie différent d'organes anatomiquement homologues, n'est pas le seul procédé de différenciation, surtout lorsqu'il s'agit du passage à un type supérieur. L'existence du plan nouveau se manifeste par l'apparition d'organes anatomiquement nouveaux, qui souvent excluent

(1) Perrier rattache le type vertébré au type ver, et s'élève contre ceux qui ne comprennent pas son incompatibilité avec le type articulé (insectes, crustacés, etc.) muni d'une peau chitineuse et dépourvu de cils vibratiles.

certaines dispositions plus simples ou plus régulières de l'organisme inférieur. Les poumons, si radicalement distincts des branchies chez les vertébrés, introduisent, en supplantant celles-ci, des dispositions circulatoires toutes nouvelles, que caractérise l'apparition d'un cœur gauche (1).

Si les dispositions particulières qui ne sont point des adaptations du plan général excluent une origine absolument commune, il y a lieu de penser que le plan général lui-même a sa raison d'être ailleurs. Celui de chaque embranchement répond sans doute à des exigences communes de bon fonctionnement : même procédé mécanique pour des besoins communs. Les machines construites par l'homme, lorsqu'elles doivent avoir un même fonctionnement général, sont d'autant plus parfaites qu'elles se rencontrent dans un tracé commun, préféré à tout autre ; à plus forte raison ce tracé commun se rencontrera-t-il dans l'œuvre de la sagesse éternelle (2).

2. Les *organes rudimentaires* sont la conséquence du plan général. Le plan particulier n'altère les pièces de celui-ci que dans la mesure de l'incompatibilité. Comme il efface entièrement certains traits (membres du serpent), il en laisse subsister d'autres réduits à de simples témoins (étamines avortées des fleurs des scrophulariées, des orchidées). La suppression totale de certaines pièces ferait une lacune dans l'harmonie des formes (3), peut-être même des fonctions. On a vite, en effet, prononcé sur l'inutilité d'un organe : l'éléphant pourrait se moquer du nez réduit des autres animaux, le singe à queue préhensile de toutes les autres queues, et les traiter

(1) Les *veines caves asymétriques* sont des troncs tout nouveaux substitués aux vaisseaux symétriques. Les *reins*, qui supplantent les *organes segmentaires*, n'en sont pas non plus la transformation.

(2) Bianconi va jusqu'à dire que la répétition de certaines dispositions est exigée, dans les organismes vivants, par des nécessités mécaniques. Pour les vertébrés, par exemple, ces exigences communes seront la protection des centres nerveux, la rapidité, la précision, la fermeté et la souplesse des mouvements. Le mouvement des articulés manque de souplesse ; celui des vers et des mollusques manque de rapidité et de précision : ce sont des machines inférieures.

(3) La comparaison des fausses fenêtres, placées par un architecte pour la beauté, ne choque certains esprits que pour ne pas apercevoir la différence des procédés. Dans l'œuvre divine, ces fausses fenêtres résultent des lois générales de l'activité organisatrice et sont moins des placages que des réductions rationnelles.

d'organes rudimentaires (1). — Nous avouons cependant qu'en mettant en relief l'unité du plan et en soulevant un doute sur le procédé de la sagesse divine, les organes rudimentaires apportent un appoint sérieux à un évolutionisme modéré (2).

3. *Invraisemblance d'un unique ancêtre.* — Soit par génération spontanée, soit par création, il est difficile de ne pas admettre que les proto-organismes ont pris naissance en très grand nombre simultanément et en divers temps. Il résulte de là, comme le remarque l'abbé Boulay, que l'unité de plan ne peut être un signe de descendance pour l'ensemble du règne organique, mais seulement une loi commune d'évolution, ce qui nous ramène à la parenté idéale. On se demandera alors si, même pour la même classe, pour la même famille d'animaux supérieurs, on astreindra Dieu ou la Nature à prendre le point de départ de son œuvre dans un germe unique. Voilà donc l'argument tiré de l'unité de plan bien ébranlé, et, par contre-coup, celui qu'on tire de l'évolution embryonnaire.

3° *Evolution embryonnaire.*

1. Les étapes de l'être supérieur, dans son développement embryonnaire, ne présentent qu'une ressemblance grossière avec certains types inférieurs. L'embryon dessine d'abord, d'une manière prépondérante, les caractères fondamentaux : le vertébré y apparaît avant le mammifère, le mammifère avant l'homme. Or les types inférieurs; à cause de l'imperfection de leur plan particulier, altèrent moins les caractères communs. Cela fait que le poisson ou le reptile conserve, dans l'âge adulte, certains traits qui ne se retrouvent chez l'homme que dans le premier développement. Mais, dès ce premier développement, les traits vraiment spéciaux du poisson ou du

(1) Claus (*Éléments de zoologie*, 4e édition traduite par Moquin-Tandon, p. 201-202), reconnaît cette utilité, parfois très saisissable, des organes rudimentaires ; et même pour ceux dont la destination n'est pas apparente, comme les incisives embryonnaires de quelques ruminants, les dents embryonnaires des baleines, il lui semble bien plus vraisemblable de leur attribuer un rôle dans le développement des mâchoires. — Darwin lui-même pensait ainsi (Voir Guibert).

(2) Nous n'invoquerons donc point cet aveu d'Huxley : « Les rudiments d'organes ne fournissent aucune preuve distincte de celle que l'on emprunte aux membres normalement développés. » (*Revue des Quest. Scient.*, juillet 1896, p. 244.)

reptile font défaut et sont remplacés par les premiers linéaments du type humain (1). « A aucune phase de son développement, dit Perrier lui-même, un embryon humain n'est un véritable zoophyte ; il n'est pas davantage reptile ou poisson à un âge plus avancé. » « Il faut avouer, dit Albert Gaudry, évolutioniste également, qu'à en juger par la nature actuelle, il est difficile de supposer qu'un reptile a eu les mêmes ancêtres qu'un mammifère (2) ; car, de nos jours, la distance est considérable dès le début embryogénique. »

Les oblitérations et accélérations dans la vie embryonnaire n'infirment en rien ces constatations. D'ailleurs les animaux dont le développement se fait en grande partie à l'état libre de larves passent souvent par des formes qui ne sont voisines d'aucun type connu, soit actuel, soit ancien : telle la *zoé* des crustacés décapodes, la *chenille* des papillons (3).

La parenté est si peu marquée par les caractères embryogéniques que les classifications basées uniquement sur ces caractères, à côté de rapprochements heureux en ont introduit de bizarres et de forcés. On a donné trop d'importance à des organes transitoires, et, dit Gerle, « il faut prendre garde de s'exagérer l'importance du mode de développement. »

Jusqu'ici donc, les faits embryogéniques ne sont qu'une confirmation de l'unité de plan et ne prouvent pas davantage.

2. Voyons maintenant les cas de *fécondité sous la forme larvaire*, soit par anticipation, soit par arrêt de développement. — Ils sont sans doute fort remarquables et étendent à des types assez élevés la possibilité d'un *polymorphisme spécifique* constaté depuis longtemps chez des organismes tout à fait inférieurs. Nous en verrons des applications paléontologiques. Mais il y aura lieu de remarquer : 1° que ces cas paléontologiques restent rares et même d'une interprétation douteuse ;

(1) Cette différenciation radicale apparaît même dans des organes transitoires. Les *reins* embryonnaires des poissons diffèrent de l'*organe segmentaire*, qui persiste chez les vers, par des divergences essentielles : les sections se déversent de chaque côté dans un canal commun aboutissant au cloaque terminal, tandis que, chez les vers, elles se déversent isolément par des pores latéraux ; elles sont, chez les premiers, accompagnés de glomérules de Malpighi, non chez les derniers (Claus, p. 92).

(2) Il ne dit même pas « a été l'ancêtre d'un mammifère ».

(3) Claus, p. 156.

2° surtout, qu'ils constituent simplement le progrès dans l'espèce, non son épanouissement en plusieurs autres ; la descendance, non l'ancêtre commun.

4° *Indétermination de l'espèce.*

I. *Cette indétermination n'a lieu que pour certaines espèces*, et l'on est fondé, en conséquence, à l'attribuer à l'établissement précipité de ces espèces. Cette *création d'espèces équivoques* a elle-même pour causes le défaut de documents ou l'abus.

Défaut de documents. — Rien, à première vue, ne permet de dire si deux formes voisines sont de même espèce ou d'espèces différentes. Si l'on n'avait pas suivi attentivement, dans leurs transitions et leur formation, les différentes races du chien, du cheval, même de l'homme, on pourrait voir dans des différences aussi accentuées de taille, de finesse, de couleur, autant de différences spécifiques. On a pris pour des espèces différentes le mâle, la femelle et le jeune d'oiseaux exotiques. Nous avons vu (note 1 de la p. 86) trois variétés stationelles d'une même espèce, dont l'une avait été élevée au degré de genre différent. De même, dans le règne végétal, une forme spéciale à la plaine, à la montagne, à une région cesse d'être espèce quand on la suit de proche en proche ou qu'on la sème dans des conditions différentes (1).

Abus. — Il existe une école qui crée autant d'espèces que de formes observées. Souvent ces formes n'ont pas même la valeur d'une variété sérieuse : on a trouvé sur le même pied plusieurs des espèces de roses ainsi établies. Cet abus de la spécification provient, soit de l'importance qu'on attache à des observations personnelles, soit du préjugé transformiste contre la valeur objective de l'espèce (2).

Qu'on réduise donc les espèces tant qu'on pourra et dès que l'absence de caractères fixes sera constatée, qu'on n'admette

(1) Faut-il parler des formes très caractérisées, mais larvaires, pour lesquelles on avait créé des familles ou des ordres distincts : leptocephalus (larve d'anguille) ; phyllosoma (larve de langouste) ?

(2) C'est ainsi qu'on a introduit le terme abusif de *sous-espèce* à la place de celui de *race* ou d'espèce douteuse. — M. Boulay a fait observer, au Congrès de Fribourg (1897), que les ronces européennes peuvent être ramenées à 3 ou 4 espèces nettement distinctes, seulement.

qu'à titre provisoire celles dont l'histoire n'a pas été assez suivie, à la bonne heure ! (1) Mais, ceci réservé :

II. *Il y a des espèces constamment discernables,* c'est-à-dire qui ne se mêlent pas sur leurs confins. On le prouve par l'accord des classifications et par l'impossibilité des croisements féconds.

1. *Accord des classifications.* — Cet accord a toujours lieu pour les espèces les plus connues. On ne réunit pas au loup le chien de berger qui extérieurement lui ressemble fort ; on ne sépare point de celui-ci le lévrier, l'épagneul et le boule-dogue, qui lui ressemblent au premier abord si peu. Agassiz ayant examiné 27000 coquilles de la même espèce, toutes un peu dissemblables les unes des autres par des nuances, a reconnu dans toutes des caractères communs qui les distinguaient nettement des espèces les plus voisines. Des constatations semblables ont été faites dans le monde végétal, par les botanistes de Candolle et Brongniard, par les grands jardiniers Vilmorin et Andrieu : ceux-ci pourtant étaient en face des innombrables et profondes variétés qu'obtient la culture. Les instincts autant que les formes apparaissent tranchés et inamissibles : ainsi, des hyménoptères, difficiles à distinguer des abeilles par leur forme et leur couleur, s'en séparent par des instincts très différents (2).

2. *Impossibilité des croisements féconds.* — La manière différente dont se comportent les espèces et les races au point de vue du croisement est l'argument favori par lequel Quatrefage établit que l'espèce n'est pas une simple race fixée, mais une nature incommunicable.

Définitions : On appelle *race* une *variété qui se perpétue ; mé-*

(1) Dom Calmet pensait, trop *à priori*, il est vrai, que les espèces primitives, créées par Dieu, étaient moins nombreuses. Linné conjecturait que le genre est l'espèce primitive : ceci paraît bien être vrai de certains genres ou sous-genres. Naudin, partisan d'un transformisme limité, croit les vraies espèces peu nombreuses (*Cosmos*, 9 février 1901, p. 185).

(2) Les Allemands, d'après M. de Nadaillac (Congrès de 1894, p. 303) nous reprochent d'attacher à la forme une importance trop exclusive. De même qu'elle conduit à séparer de simples races, de même elle induit à confondre des types essentiellement distincts. Les équidés par exemple (cheval, âne, zèbre), n'ont rien dans le squelette et la dentition qui les distingue fondamentalement. Cette remarque est importante pour la paléontologie, qui ne connait que des squelettes.

tis, le *produit du croisement de deux races* d'une même espèce ; *hybride*, le *produit du croisement de deux espèces.*

Faits. — Le *métissage* s'opère très facilement et *donne naissance à une race nouvelle*, si l'on veille à unir ensemble les métis semblables. L'*hybridation* au contraire, est rare, difficile, et produit des individus stériles (ex. mulet), ou qui, en deux ou trois générations au plus, retournent à l'une des espèces originaires (hybrides du chien et du loup, du lièvre et du lapin) (1). — Des formes donc, très diverses en apparence (variétés du chien, du cheval) se créent et se multiplient très vite par l'influence des milieux et par des croisements faciles, ce ne sont que des *races ;* d'autres, très voisines à première vue (cheval, âne, zèbre), ne forment pas de races intermédiaires), ce sont de *vraies espèces.* C'est ce que nous appellerons pour abréger, la loi de Quatrefage.

Si la difficulté du croisement résultait uniquement de la différenciation trop grande de deux races (2), les exemples s'en multiplieraient chaque jour. D'ailleurs, une fois l'hybride obtenu, sa stérilité deviendrait un mystère. L'impuissance de la nature à commencer et surtout à achever la fusion des es-

(1) La question des *léporides* (croisés du lièvre et du lapin) a fait beaucoup de bruit. Il est constant maintenant qu'ils reviennent presque immédiatement au type lapin pur. Les *chabins* du Chili, prétendus hybrides féconds du mouton et de la chèvre, ne sont que des moutons à toison très grossière ; les recherches faites sur place prouvent qu'il n'y a jamais eu croisement entre ces deux genres si distincts (Cornevin, Lesbre et Milne-Edwards à l'Académie des Sciences, séance du 3 août 1890). Voir aussi les recherches de M. Suchetet sur les hybrides des oiseaux (Congrès de Bruxelles 1894, p. 226 ; *Revue des Questions Scientifiques*, janvier 1898, p. 258).

(2) L'abbé Guillemet (*Pour la théorie des ancêtres communs*, au Congrès de Bruxelles 1894) imagine le schéma suivant. A, B, C, D, sont des formes distinctes allant par des transitions insensibles d'un extrême à l'autre. A et B se croisent facilement avec produits indéfiniment féconds ; de même B et C ; de même C et D. A et C s'hybrident sans produits féconds ; de même B et D. A et D sont absolument rebelles à tout croisement. Donc, c'est la différenciation croissante des races qui amène l'impossibilité du croisement. — Il faudrait, pour établir solidement cette vue, des faits précis et suffisamment nombreux. On ne voit point d'abord les transitions insensibles : le chien et le loup, le cheval et l'âne sont nettement séparés, et, si des causes difficiles à concevoir pour des espèces vivant côte à côte avaient fait disparaître les intermédiaires, les croisements devraient suffire pour les rétablir. Ensuite, s'il y a un abîme physiologique entre ces espèces si voisines, on ne voit pas l'abîme morphologique, cause du premier : il y a, répétons-le, des races de chiens, de cheval, qui, pour la taille et les proportions, constitueraient plus facilement des espèces distinctes.

pèces est donc un argument très solide de leur incompatibilité radicale.

A la définition transformiste : « L'espèce n'est qu'une race fixée, » nous opposerons la *définition expérimentale* suivante : « L'*espèce* est l'ensemble des êtres vivants qui 1° se ressemblent par la totalité de leurs caractères fixes de forme et d'instinct, ne différant que par ceux dont la propagation, le changement de milieu et des intermédiaires indéfinis révèlent la variabilité, 2° se croisent entr'eux en donnant des produits indéfiniment féconds. » De là on peut déduire cette *définition métaphysique*, qui exprime la cause présumée des faits : « L'*espèce* est l'ensemble des vivants qui ont même nature définie, intransformable, et qui peuvent ainsi se rattacher par descendance à une même souche. »

5° *Variations actuelles.*

1. Les changements actuels ont rarement un caractère progressif. Plusieurs, au contraire, sont des faits de dégradation (de *régression*, comme disent les évolutionistes) : telles plusieurs races humaines, les bœufs sans cornes, les poissons aveugles des cavernes. On conçoit qu'il est beaucoup plus facile de perdre que d'acquérir un organe avec sa fonction. Et pourtant, le non-usage n'entraîne pas toujours l'atrophie d'un organe : tels les doigts grimpeurs de certains pics de l'Amérique Méridionale, lesquels ne grimpent jamais.

Les variations ne dépassent point certaines *limites*. Les principales, dues à l'industrie de l'homme, rendent, en s'exagérant, les individus peu viables et peu propres à la reproduction. Les changements de milieu, en dehors de certaines limites d'adaptation, sont un obstacle à la diffusion ou une cause d'extinction. — On distingue facilement aussi dans les instincts ce qui demeure de ce qui peut varier. Le chien est essentiellement chasseur et apte à la domestication la plus parfaite. C'est par l'éducation que l'homme a modifié ses aptitudes : sa qualité de gardien est une utilisation de son attachement pour l'homme.

Les caractères nouveaux disparaissent facilement quand leur cause a cessé ; en d'autres termes, les races n'acquièrent jamais une extrême fixité. Ainsi, les nègres des Etats-Unis du

Nord tournent au type blanc, et les blancs originaires d'Europe, dit Quatrefage, au type Peau-Rouge.

2. Les faits de variétés qui ne se croisent pas entr'elles sont si exceptionnels qu'ils demandent confirmation. Nous avons déjà traité ce point au 4° précédent (II, 2).

3. Malgré leur antiquité et leur fixité relative, les grandes races de l'homme, du chien, n'ont pu établir entr'elles ces barrières plastiques et physiologiques qui séparent les espèces : voilà bien un effort avorté de spécification.

Concluons : Dès que l'espèce ne sort pas de limites déterminées, l'accumulation des temps ne les lui fera pas franchir : *zéro* multiplié par *temps* égale *zéro* ($0 \times t = 0$), disait Cuvier (1).

6° *Atavisme.*

Les faits d'atavisme dans l'intérieur de l'espèce dénotent généralenent, chez les animaux, un retour au type sauvage, une protestation en faveur de la fixité contre les influences modificatrices. Au delà, ils peuvent n'être qu'une rencontre fortuite, rendue possible par le plan général. Rien d'étonnant que les stylets du cheval, organes avortés, soient remplacés monstrueusement par des doigts complets à sabots, trop mal plantés d'ailleurs pour reproduire le gracieux hipparion. D'autres fois le caractère anormal est emprunté à une espèce trop éloignée pour qu'on puisse songer à un ancêtre commun. Si l'on découvrait dans les formes paléontologiques un mammifère, un reptile à 6 doigts, on n'en ferait point pour cela l'ancêtre de l'homme, sous prétexte que cette monstruosité se rencontre parfois dans notre espèce

7° *Faits paléontologiques.*

I. Les *transitions insensibles* se rapportent sans doute à de simples races, que les géologues qualifient d'espèces dès qu'elles suffisent pour caractériser des couches, et que Gau-

(1) Chercherons-nous un supplément de preuve dans la constance des formes et des instincts attestée par les monuments et les traditions : figures de chevaux, d'ânes sur les monuments de l'Egypte ; instinct du cheval dans Job, du chien dans Tobie? Non, car les mêmes monuments attestent la même constance pour des races de l'homme, du chien : « *Qui nimis probat, nihil probat.* »

dry propose d'appelèr *espèces géologiques* par opposition aux vraies *espèces physiologiques* (1). Si elles se succèdent dans le temps, c'est grâce à la modification des milieux (2).

Ces transitions insensibles sont d'ailleurs l'exception. Barrande a constaté que, sur 350 espèces de *trilobites*, 10 seulement variaient, et cela sans arriver à se fixer dans une nouvelle forme spécifique. -- Elles ne se présentent jamais de classe à classe, ni même de famille à famille.

II. *L'enchainement des types*, à défaut de transitions insensibles, ne comporte l'explication par descendance qu'à l'aide d'une nouvelle hypothèse, celle des sauts brusques. Même à ce point de vue, le passage de l'hipparion au cheval ne serait que le progrès d'une espèce (3), rendu vraisemblable pa l'exemple de l'axolotl, non son épanouissement en plusieurs autres.

III. *L'analogie des formes successives* d'un même pays n'est pas une loi absolue, non plus que le groupement régional de certains types. On recourt, pour expliquer certaines successions incohérentes, à des migrations, qui auraient amené brusquement dans une contrée des types dont les ancêtres doivent être cherchés on ne sait où. Les marsupiaux représentèrent exclusivement les mammifères en Europe, aux temps secondaires, et ils en ont disparu. Il y a des édentés (pangolins) dans l'Afrique et dans l'Inde ; des coqs fossiles en France. — Cette loi de caractérisation et de persistance (en une certaine mesure) des faunes et flores locales s'explique très suffisamment par la persistance des mêmes conditions biologiques et par l'adaptation de l'acte créateur au milieu.

---

(1) L'état incomplet des fossiles, réduits ordinairement à des empreintes ou à des pièces squelettiques, explique largement cette vue.

(2) Ce n'est point là une vaine supposition. Les *Paludina Neumayri*, à spires lisses, et *Tulostoma Hœrnesi*, à spires carénées et ornées, qui se succèdent si bien par des transitions insensibles, dans le *miocène* de Slavonie, coexistent aujourd'hui, aux deux bouts du monde, dans des eaux de salure différente : ce ne sont que des variétés du *Paludina vivipara*, à coquille mince et lisse dans l'eau douce, épaissie et ornée dans l'eau salée.

(3) Il serait curieux de retrouver un hipparion, ou plutôt un onion pour l'âne, un zébrion pour le zèbre, etc., à moins qu'on ne prétende faire dériver tous ces équidés de l'unique hipparion. — Que penser aussi de ces espèces convergentes, espèces géologiques distinctes (de chien, par exemple), qui auraient abouti de nos jours à une seule espèce physiologique ? Qui ne pourra, là encore, voir un abus de la spécification, soit simultanée, soit successive ?

— L'argument d'ailleurs est à deux tranchants : pourquoi les marsupiaux auraient-ils, en Europe et en Amérique, évolué vers des formes supérieures, tandis qu'ils sont restés stationnaires en Australie, où pourtant nos espèces importées prospèrent admirablement ?

IV. Le *progrès dans la perfection des types* s'explique par la variété et la perfection croissantes des milieux. Ils permirent successivement l'apparition des animaux à respiration aérienne et des mammifères supérieurs. Le progrès dans l'intérieur d'une classe, lorsqu'il existe, relève du même principe.

Tout le monde explique la décadence des classes par l'extinction des espèces et non par une transformation régressive; leur apparition et leur perfectionnement ne pourront pas davantage être attribués à un fait de descendance, si l'on ne montre les ancêtres authentiques.

A côté de *types progressifs* (Fig. 73), M. Gaudry admet des

1° 2°

Fig. 72. — Lingules : 1° Lingula prima; 2° Lingula antiqua. Les lingules existent encore dans les mers de la Chine et du Japon.

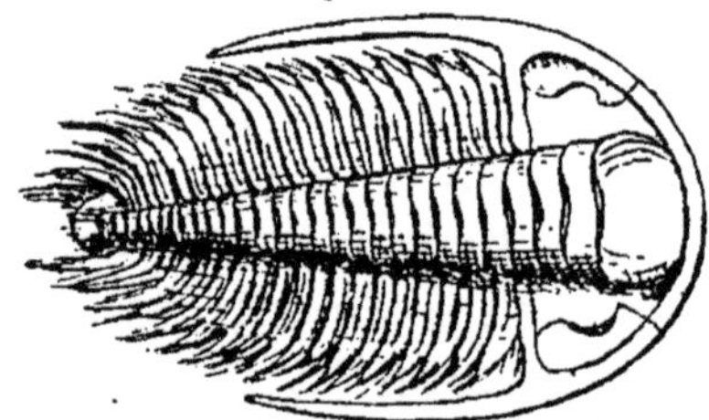

Fig. 73. — Paradoxides bohemicus (Trilobite Cambrien). Les trilobites représenteraient l'état larvaire des limules actuelles.

types permanents ou panchroniques (Fig. 72), et des *types élastiques* revenant, après de légères modifications, à leur point de départ. L'existence de ces deux dernières catégories rend douteuse l'existence de la première dans le sens du progrès par descendance. En tout cas, un type permanent ou élastique a dû être, dans le système, le point d'arrivée d'un type progressif : toujours donc la question des ancêtres à trouver.

V. Les *formes ancestrales* méritent ainsi une attention particulière.

Sur les *caractères embryonnaires* de certains types anciens, il faut remarquer d'abord que de tels caractères existent encore dans des groupes nullement en voie de transformation (lamproie) et même très élevés sous d'autres rapports (les squales, que la perfection de leur cerveau met à la tête des poissons, Fig. 74). Il faut remarquer ensuite qu'on a pris

Fig. 74. — Poisson cartilagineux hétérocerque : Requin (famille des squales, ordre des sélaciens).

quelquefois pour espèces paléontologiques des jeunes incomplètement sortis du stade larvaire (reptiles d'Autun).

Sur les *types moins spécialisés* qu'aujourd'hui :

1. Ils s'expliquent par la moindre spécialisation des milieux au point de vue de la respiration, de l'alimentation, etc. Les conditions qui permettaient l'existence de reptiles supérieurs aux nôtres, les uns marcheurs et même bipèdes (dinosauriens, Fig. 34, à la p. 50), les autres volants (ptérodactyles, Fig. 35, à la p. 50), n'admettaient sans doute que des oiseaux imparfaits, à queue et à mâchoires reptiliennes (archéoptéryx et hesperornis). D'après Perrier, la dentition mixte (partie carnassière, partie herbivore) répond à des conditions de nourriture moins spéciales. N'avons-nous pas d'ailleurs encore les porcs et autres types à dentition et à alimentation mixte ?

2. Il s'en faut qu'on trouve pour tous les groupes des formes ancestrales. Les abeilles et les fourmis apparaissent dans l'ambre tertiaire de la Baltique avec les castes qui font l'étonnante harmonie de leurs républiques (1).

3. Ces formes se montrent rarement à point nommé, c'est-à-dire avant toutes celles dont elles devraient être la souche.. Certains poissons ganoïdes siluriens, vraisemblablement dipnoés, auraient été les ancêtres des poissons francs et des amphibiens ; mais déjà il y avait de vrais poissons voisins des requins, et les dipnoés incontestables n'apparaissent qu'au

(1) *Revue des Quest. Scient.*, octobre 1896, p. 585.

permien, après les premiers amphibiens labyrinthodontes. Chose remarquable, ces prétendus ancêtres ont persévéré jusqu'à nos jours avec leurs caractères ambigus.

4. Jamais, enfin, ces formes n'offrent une indétermination suffisante pour servir d'ancêtres communs ; elles présentent toujours quelque caractère incommode, qui les classe déjà dans une des lignées divergentes. On parle constamment, dans l'école transformiste, de types non adaptatifs : presque tous y viendraient sans doute en y regardant de près. Rien d'étonnant, puisque les formes embryonnaires elles-mêmes, pourtant éloignées de leur complet développement, ne réalisent point l'indétermination ancestrale.

5. L'absence de vrais types ancestraux s'accuse par la latitude qu'on se donne pour leur choix. On se met souvent, pour en trouver, en contradiction avec l'embryogénie : ainsi, il faut faire descendre les madrépores sans charpente calcaire de ceux qui en possèdent une compliquée, malgré l'ordre inverse que suit le développement embryonnaire des derniers.

III. Conclusions (bilan du transformisme).

L'évolutionisme reste dans l'ordre idéal à ne consulter que l'unité de plan et l'embryogénie, se heurte aux limites de l'espèce sur le terrain des faits actuels de variations et de croisements, enfin reçoit de la paléontologie, qui devrait montrer la descendance à l'œuvre, une réponse des moins satisfaisantes. Ce sont en effet des *obscurités* et des *lacunes,* conduisant à des *aveux* découragés.

1. *Obscurités.* — Les enchaînements sont si obscurs que l'établissement en varie suivant l'importance qu'on donne aux vues *à priori.* Brown, se fondant sur l'antiquité et la constance du milieu marin, fait dériver les espèces fluviales et terrestres des espèces marines côtières. Gaudry au contraire « remarque que c'est en général dans les eaux douces que les types anciens se sont le mieux maintenus : les rivières, qui ont dû changer et se déplacer plus que le vaste océan semblent pourtant avoir été des milieux plus conservateurs ». D'ailleurs, après avoir tiré les mammifères terrestres des reptiles et ceux-ci des poissons, on n'hésite pas à faire retourner le

mammifère aux eaux sous forme de pinnipède (phoques) ou de cétacé (baleine) (1). — Là même où les séries présentent une continuité suffisante (seulement quelques groupes restreints, avoue Perrier), là encore (continue le même auteur) « nombre de voies, entre lesquelles il est souvent impossible de choisir avec certitude, conduisent des formes anciennes aux formes actuelles... L'indétermination du problème, qui n'est souvent d'ailleurs que momentanée (?), a été quelquefois présentée comme un argument contre l'opportunité du problème lui-même (2). »

2. *Lacunes*. — L'arbre généalogique des êtres est réduit, sur toutes ses branches maîtresses et sur la plupart des rameaux, à quelques échelons très espacés, très peu satisfaisants, souvent controversés entre transformistes. Il est complété par des degrés purement imaginaires. Hæckel avoue que la partie fournie par la paléontologie est rarement à la partie hypothétique dans le rapport de 1 à 1000, à peine le plus souvent dans celui de 1 à 100 000. Pour expliquer un peu ces immenses lacunes, il imagine l'*hérédité abrégée* (sauts dans l'évolution) et l'*hérédité falsifiée* (anomalies dans certains chaînons). Carl Vogt se moque de ces lois (3). Mais à son tour : « On les trouvera, dit-il, (les chaînons absents), ou ils étaient constitués de telle façon qu'ils n'ont pu se conserver dans les entrailles de la terre. » La seconde assertion est étrange, surtout pour les espèces aquatiques. La première suppose, dans les connaissances stratigraphiques, des lacunes dont on exagère la grandeur et les conséquences. En effet : 1° les nouvelles in-

(1) Ajoutons les hypothèses bizarres, dont M. Gaudry lui-même ne s'abstient pas, quoique les émettant avec une louable réserve. Ainsi une ressemblance d'enroulement entre la coquille des foraminifères et celle des céphalopodes fera voir dans le sarcode homogène des premiers l'origine de l'organisme compliqué des seconds, malgré l'absence absolue de tout intermédiaire. « Ce qui m'entraîne vers cette hypothèse, c'est qu'*entrevoyant* dans la nature l'idée d'unité et ne trouvant *guère* de passage entre les classes d'un même embranchement, je les cherche entre les classes d'embranchements différents. Quoique les gastéropodes et les céphalopodes soient également des mollusques, il m'en coûterait moins, au point de vue embryogénique, de supposer un céphalopode ayant pour *lointain* ancêtre un foraminifère que de le supposer descendu d'un gastéropode. » *(Enchaînements du règne animal : fossiles secondaires).*

(2) Voir particulièrement son embarras au sujet des Lémuriens (*Le Transformisme*, p. 315 et suivantes).

(3) *Science Cathol.*, 15 janvier 1895, p. 99.

vestigations confirment, plus souvent qu'elles ne la complètent, la série, à peu près connue, des assises, et ajoutent rarement aux cadres des règnes organiques quelque type vraiment important ; 2° ces découvertes, tout en faisant connaître des formes intermédiaires (surtout dans les classes aujourd'hui en décadence) continuent à fournir des matériaux aux preuves tirées, contre le transformisme, des sauts brusques, de l'anticipation des formes parfaites, etc. ; 3° les transitions entre les types d'une même région devraient se trouver dans le sol de cette région, et cependant l'Europe, les Etats-Unis ont été trop fouillés pour laisser quelque espérance sous ce rapport. — Sans doute, pour les animaux terrestres et les plantes, une grande partie de la série paléontologique est irrémédiablement perdue. Mais enfin, comme le fait observer M. Boulay (1), les flores successives du tertiaire et du quaternaire observées en France, ou proviennent de migrations, ou n'ont entr'elles, du moins, aucun lien de descendance : si donc l'absence de documents ne permet pas ici d'affirmer contre l'évolution, toute preuve en sa faveur manque également.

3. *Aveux*. — En somme il est acquis, au témoignage des transformistes eux-mêmes, que la plupart des classes commencent brusquement, sans ancêtres aucunement reconnaissables, et qu'il en est de même de bon nombres d'ordres et de familles.

Laissons, pour les animaux la parole à M. Perrier (2) :

« Malheureusement, quand on entre dans le détail, se manifestent de telles lacunes paléontologiques, que toutes les objections sont possibles. La chaîne que la morphologie nous a permis de construire est incessamment rompue quand on essaie de remonter dans le passé. Nous avons divisé le règne animal en cinq séries indépendantes, (éponges, polypes, échinodermes, arthropodes, vers, aux derniers desquels il rattache les mollusques et les vertébrés) aux rameaux touffus ; nous ne savons de quelle façon commence chacune d'elles et même si cette division est suffisante... Nous ne savons

(1) Congrès de Bruxelles, 1894 : *Sciences naturelles*, p. 137.
(2) *Le Transformisme*, p. 337-339.

comment les coraux de l'époque secondaire ont pu dériver de ceux de l'époque primaire ; nous ignorons comment les sept classes d'échinodermes peuvent-être reliées entr'elles ; les formes intermédiaires entre les mollusques et les vers nous sont inconnues ; les lamellibranches à coquilles bivalves paraissent avoir eu tout au moins un progéniteur commun avec les gastéropodes à coquille univalve spirale, nous n'avons aucune idée de ce qu'il pouvait être... Si nous entrevoyons comment les arachnoides ont pu provenir des crustacés, nous n'avons pu encore réussir à avoir une idée nette de la façon dont se sont constitués les myriapodes et les insectes.... La distance est encore plus grande entre les (reptiles) dinosauriens et les oiseaux, plus grande encore entre les mammifères et les formes amphibiennes (batraciennes) auxquelles on a essayé de les rattacher. »

Ecoutons maintenant, pour les plantes, M. Zeiller. Dans un cours de *Paléobotanique* il signale avec soin les types, par malheur incomplètement déterminables, qui paraissent établir quelque lien entre les classes actuelles. Mais ses considérations finales sont presque entièrement négatives pour le transformisme. Voici, comment, à ce point de vue, les résume M. Flahaut (1).

« Des considérations finales relevons quelques notions importantes. De l'examen des groupes principaux du règne végétal, il semble ressortir que la plupart se montrent, dès le début, aussi tranchés qu'aujourd'hui ; on ne voit nulle part le passage graduel qu'on pouvait s'attendre à observer ; ils suggèrent (?) seulement l'idée d'une origine commune, qu'il faudrait, semble-t-il, faire remonter à une date antérieure à nos plus anciens documents. L'examen comparatif des classes, ordres, familles, des types génériques d'une même famille, des espèces du même genre, fournissent matière aux mêmes constatations. Lorsqu'on examine les types dont on peut suivre les variations dans toute leur étendue, on voit ces variations s'arrêter à certaines limites, sans franchir les intervalles qui les séparent des types les plus voisins. Si nous sommes fondés (?) à soupçonner le passage d'une forme à l'autre, les

(1) *Revue générale des Sciences*, 30 octobre 1900, p. 1150.

phases intermédiaires qui en établiraient la réalité se dérobent à nos constatations. La discontinuité est d'autant plus accentuée qu'on s'adresse à des groupes d'un ordre plus élevé ; les origines des plus grands groupes, celle même des dicotylédones, demeurent enveloppés de la plus profonde obscurité. »

Concluons. — Devant cette faillite de la paléontologie transformiste, nous comprenons que des hommes, peu suspects pourtant d'orthodoxie, désavouent cette hypothèse (Contejean, Littré, Virchow, Ch. Carnoy) et que d'autres hésitent sur la valeur de ses preuves (Perrier). Nous croyons avec Delage que bon nombre abandonneraient le système comme non prouvé, s'ils avaient une autre explication possible des origines (1). Cette impression nous est restée en face des *peut-être, il semble, on peut supposer, il faut admettre* et autres expressions embarrassées qui abondent chez les auteurs les plus savants et les plus convaincus (Perrier, Priem, Gaudry) : elles sont trop dominantes et trop justifiées par le contexte pour être de simples actes de modestie.

Mais alors, que ne suivent-ils le conseil par lequel M. Flahaut termine l'analyse ci-dessus ? « On ne saurait trop recommander à l'attention des naturalistes la réserve de M. Zeiller. Il y a tout avantage à ne pas échaffauder des systèmes sur des hypothèses plus ou moins séduisantes. La statue aux pieds d'argile s'écroule ; une parcelle de vérité a plus de prix que les systèmes les plus brillants, s'ils n'ont pas pour bases des vérités strictement établies. »

Quatrefage a résumé la situation en disant que *le transformisme a des allures peu scientifiques.* Cela est également vrai de la thèse de fait que nous quittons ici et des théories explicatives que nous allons aborder.

---

§ 4e. — Théories pour expliquer les transformations.

Pourquoi chercher les causes d'une évolution par descendance qui n'est pas établie en fait ? C'est qu'une explica

(1) *Revue des Quest. Scient.*, octobre 1898, p. 602 ; avril 1899, p. 619.

tion, en montrant la possibilité du fait, en s'ajoutant à sa convenance supposée, à sa prétendue nécessité philosophique, tiendra presque lieu des preuves positives, que réclame, il est vrai, l'esprit scientifique moderne, mais qui se dérobent.

Nous sommes en présence de *trois écoles* principales :

1. *Action des milieux*, secondée peut-être par une tendance interne au progrès, et complétée par la *sélection naturelle : école darwiniste.*

2. *Principe immanent*, dirigeant l'évolution différentiatrice suivant un plan harmonieux ; nous dirions : *école finaliste*, (d'autres : *spiritualiste ou modérée*).

3. *Action divine immédiate* modifiant le principe organisateur dans l'œuf même : ce serait *l'école de la création avec le moindre effort* (1).

I. Action des milieux et sélection naturelle (darwinisme)

1° *Exposé.*

1. L'être vivant est en voie de *transformation sous l'action des milieux ;* une modification peut même se produire par un simple accident. La variation se fait en divers sens chez les divers individus d'une même espèce ; mais souvent aussi plusieurs subissent côte à côte une même influence et par suite une même modification (2).

2. *Les dispositions organiques nouvellement acquises se développent par l'exercice*, lorsqu'elles sont utiles. Ainsi la membrane interdigitale des oiseaux palmipèdes se serait développée par la nage ; celle des chauves-souris, par des essais de vol de plus en plus heureux ; l'habitude de se suspendre aux arbres par la queue aurait donné à cet organe, chez les singes d'Amérique, la longueur et l'aptitude préhensile qui le caractérisent.

---

(1) Non que Dieu fasse rien par effort, mais en ce sens que sa sagesse aime à se servir des causes secondes par lui créées et douées d'activité.

(2) Darwin doute de l'action du milieu comme cause prépondérante, il suppose les modifications sans chercher à les expliquer. Giard, au contraire, marchant sur les traces de Lamarck, pose en principe l'action du milieu cosmique (climat, etc.), et du milieu biologique (nourriture, etc.), provoquant la réaction de l'organisme par l'adaptation, etc.

3. Les variétés les plus heureusement disposées pour pourvoir à leur nourriture et échapper à leurs ennemis supplantent les autres dans la *lutte pour la vie*, surtout lorsque les individus similaires se sont assez multipliés en se recherchant et s'unissant entre eux. De là un choix ou triage fatal, dont Darwin fait le pivot de son système, sous le nom de *sélection naturelle*. Ainsi les formes les mieux adaptées ont seules un règne durable ; elles s'affermissent et se fixent par l'hérédité : ce sont les *espèces*. Elles persistent jusqu'à ce que les changements de milieu les éteignent ou en fassent dériver des types encore mieux doués.

4. « Mais, dit Claus, comme la lutte pour l'existence entre les formes voisines doit être d'autant plus acharnée qu'elles se ressemblent davantage, il en résulte que celles qui diffèrent le plus auront aussi le plus de chances de se maintenir ; de là, comme conséquence nécessaire, la divergence des caractères et l'*extinction des races intermédiaires*. » Darwin fait jouer ici un rôle décisif aux migrations et aux catastrophes géologiques, qui isolent les variétés avant ou après leur formation : ainsi le même type peut donner en divers lieux des races et enfin des espèces diverses, que la lutte pour la vie aurait empêchées de se maintenir côte à côte.

2° *Critique.*

1. *Influence du milieu.* — Elle serait aussi unifiante que diversifiante : « Le darwiniste, dit Perrier, n'explique pas pourquoi des types différents se sont développés côte à côte au lieu de suivre la même voie. »

2. *Dispositions utiles.* — L'organe nouveau sera d'abord rudimentaire. Comment alors sera-t-il utile ? Ou, s'il a un commencement d'utilité, pourquoi s'arrête-t-il quelquefois en si bon chemin ? Pourquoi, par exemple, les membranes costales du galéopithèque et du dragon, les membranes interdigitales du crapaud volant, qui leur servent de parachûte, ne sont-elles pas en train de devenir de véritables ailes ? L'exercice ne leur manque pas.

3. *Lutte pour la vie* et *sélection naturelle.* — La lutte se restreint aux variétés d'un même type dans un lieu où les aliments sont très disputés. Encore le résultat est fort contestable.

8

Deux espèces de chauves-souris ont vécu côte à côte dans les mêmes cavernes, durant toute l'époque quaternaire, malgré la similitude et la rareté de leur nourriture (quelques insectes). — La sélection suppose une variété, supérieure en aptitudes, déjà multipliée. Cette multiplication suppose elle-même le croisement exclusif entre les individus présentant même caractère. Or ce croisement exclusif facile pour l'industrie humaine, qui séquestre les reproducteurs, est une hypothèse très fantaisiste, contraire à l'observation, pour l'état libre.

4. *L'extinction rapide des formes intermédiaires* par une lutte plus acharnée, ruinerait un des arguments favoris du transformisme, l'affinité et l'indiscernabilité de certaines espèces coexistantes dans le même lieu. Elle ne regarderait pas les formes successives d'évolution, qu'on devrait retrouver avec toutes leurs nuances dans les entrailles de la terre, là où la sédimentation s'est poursuivie régulièrement.

La faiblesse des explications de Darwin ressort encore des efforts que ses successeurs ont tentés pour les améliorer ou leur en substituer de nouvelles. On se perdrait dans ces hypothèses *à priori*, qui se combattent souvent.

Elles restent d'ailleurs impuissantes à expliquer la *finalité* qui éclate dans le monde vivant, soit que l'on considère un organisme pris à part, soit qu'on envisage l'harmonie des êtres (1). — *Organisme pris à part.* Comment admettre la création par les milieux, sollicitant une force vitale générale et sans loi, d'organes compliqués et merveilleux ? La lumière, impressionnant agréablement un nerf quelconque, le transformera-t-elle en tableau rétinien ? et la rétine saura-t-elle s'environner graduellement de toutes les pièces nécessaires pour constituer un instrument d'optique et transformer une impression vague en image définie, révélatrice du monde extérieur ? — *Harmonie des êtres.* Les animaux, comme les plantes, ne sont pas indépendants les uns des autres, et quelques espèces sont liées entre elles par des rapports si intimes que l'un ne pourrait exister sans l'autre. Tels certains vers parasites, qui, pour

(1) Nous avons peine à comprendre que l'abbé Guillemet paraisse adopter la thèse évolutioniste jusques et y compris la non-finalité des organes (Congrès de Bruxelles : *Anthropologie*, p. 27, note).

accomplir le cycle de leurs métamorphoses, passent successivement dans deux animaux déterminés. Il faudrait supposer à la sélection une intelligence bien singulière pour faire apparaître à point les divers acteurs de cette scène (1). — En vain, Claus, après les autres, invoque la sélection pour éliminer les formes mal combinées et conserver les autres. C'est l'épanouissement de celles-ci comme à coup sûr, dès le commencement, sans trace de l'infinité des essais stériles, qui exige une impulsion souveraine vers l'ordre. Là viendrait toute l'argumentation philosophique contre le dieu Hasard (2).

II. Principe immanent.

1° *Exposé.*

Les évolutionistes qui ont davantage à cœur de donner aux effets une cause proportionnée et de rattacher l'ordre à la sagesse, attribuent principalement la différenciation et le perfectionnement des organismes à un principe directeur interne. De même, disent-ils, qu'une cellule très simple donne naissance aux organes si compliqués et si bien harmonisés de l'animal supérieur, de même la vie s'est, à l'origine, appliquée aux diverses cellules issues de la *monère* primitive, pour en former divers organismes jouant chacun son rôle dans la nature. Cela ne s'est pas fait d'un seul coup, mais par progrès, allant de la monère au type rudimentaire de chaque embran-

(1) Le *parasitisme* entraîne la suppression ou l'altération des organes de locomotion, de mastication, etc.; c'est sans doute là un cas remarquable d'adaptation, quoique régressive et dégénératrice. Mais quel instinct pousse l'être qui est né avec ces organes, à les perdre pour devenir parasite ? comment un de ses ancêtres a-t-il pris ce pli ? comment ne trouve-t-on ordinairement, à côté de lui, aucun spécimen de l'espèce originaire, libre toute sa vie ? Ce sont d'ailleurs les parasites à domiciles successifs et à cycle de métamorphoses qui nous étonnent, les parasites encore qui ont un travail savant et pénible à effectuer pour se fixer.

(2) Aussi, tout en écartant la théorie que nous allons aborder, Claus conclut mélancoliquement : « Bien que le principe de la sélection naturelle nous rende des services incontestablement plus complets que le principe de l'adaptation de Lamarck, cependant il reste, vis-à-vis de la grande énigme du développement, comparable à une planche qui supporte seulement sur l'eau le malheureux prêt à s'enfoncer (Du Bois-Raymond) », p. 262. — Aussi, lord Salisbury (discours de 1894), faisant siennes les conclusions de lord Kelvin (1871), réclame *le plan, l'action bienveillante, la volition libre d'un Créateur et d'un Maître éternel* (*Cosmos*, 19 octobre 1895, p. 381).

chement, de celui-ci aux classes, aux familles, aux genres, aux espèces. Cette force différenciatrice est arrivée aujourd'hui à peu près au terme de son œuvre, et ne se manifeste plus que par la fixation de quelques races, qui seront un jour de vraies espèces. Le monde vivant, en un mot, n'est qu'un vaste organisme, dont les étapes embryonnaires sont consignées dans la paléontologie. Les causes extérieures (changements et perfectionnements des milieux) n'ont été que des conditions provocatrices, en même temps qu'elles entraînaient des adaptions provisoires et des extinctions. Les modifications ont pû d'ailleurs se produire brusquement. Telles étaient déjà les vues de Lamarck et d'Et. Geoffroi-St-Hilaire, telles sont celles de Dana et surtout d'Albert Gaudry, etc. (1). « Plan préconçu et providentiel, » disait Geoffroi-St-Hilaire.

2° *Critique.*

On peut envisager cette thèse au point de vue théorique et au point de vue des faits.

1. *Au point de vue théorique*, elle répond à ce qu'il y a de saine philosophie dans la conception évolutioniste (voir § 1er et § 3e I, 1°). Il faut toutefois admettre que le principe immanent ordonnateur est une création de la sagesse divine ; autrement on tomberait dans les rêveries de Hegel et de Herbert Spencer, qui font sortir l'être du néant, l'ordre de l'aveugle devenir.

2. *Au point de vue des faits*, on tire parti des organes rudimentaires et de certains enchaînements ; mais on se heurte à presque toutes les difficultés précédemment exposées. L'évolution ne s'est pas faite dans l'ordre d'enchaînements rigoureux qu'exige la thèse ; et les espèces fossiles les plus compréhensives ne se prêtent pas au rôle larvaire d'ancêtres communs.

(1) Voir, pour Lamarck, Claus p. 186.— Dana (p. 393 du *New text book of geology*), reconnaît l'insuffisance des milieux pour diriger l'évolution, remarquant qu'ils n'ont pu avoir plus de prise sur elle qu'ils n'en ont actuellement sur l'évolution embryonnaire. Il admet surtout, pour l'origine des classes, des sauts brusques, tels qu'il s'en produit d'ailleurs dans les métamorphoses des insectes. — Albert Gaudry (*Enchaînements Secondaires*, p. 295) : « L'évolution s'est avancée à travers les âges en souveraine... La concurrence vitale, la sélection naturelle, les influences du milieu, les migrations l'ont sans doute aidée. Mais son principe a résidé dans une région supérieure trop haute pour que nous puissions, quant à présent, la bien saisir ». — Voir aussi la belle déclaration de Naudin dans Hamard (*L'âge de la pierre et l'homme primitif*, p. 81).

III. Action divine immédiate sur l'œuf.

1° *Exposé.*

Dieu, pour former le corps des animaux supérieurs, s'est servi d'organismes du degré immédiatement inférieur. Pas de création instantanée à l'état adulte. Dieu, par voie de création ou de simple modification (suivant la théorie philosophique adoptée pour la genèse des âmes animales et végétales), Dieu, dis-je, prépose une force organisatrice spécifiquement nouvelle à l'œuf procréé naturellement, au moment même de la fécondation. Puis, dans le cas où cet œuf ne peut pas se développer immédiatement dans le milieu inorganique, il en confie la nutrition à la matrice qui le porte, l'éducation du jeune (s'il y a lieu) à la mère. Ce dernier point, on le sait, est réalisé par l'industrie humaine : la poule couvant et élevant le canard et la dinde. Encore a-t-il fallu que les transitions fussent ménagées et que par conséquent les types nouveaux eussent une connexion suffisante avec le type-mère (1).

2° *Critique.*

1. *Quant au concept.* — Au fond, c'est un mode de création ; il nous sourit assez.

2. *Quant aux faits.* — Cette théorie explique bien la conservation du plan anatomique et même des organes-témoins, la modification du principe vital et organisateur ayant surtout pour but une transformation fonctionnelle ; de même, la persistance et l'épanouissement des mêmes ordres et familles dans la même région. Mais il ne paraît pas plus justifié que contredit par les autres données paléontologiques ; il faut même avouer que le Créateur, s'il a employé ce procédé, en a usé très librement et d'une manière très voilée, dans la production notamment des classes nouvelles.

Il serait donc aussi simple, en dehors des cas d'enchaîne-

---

(1) C'est pourquoi, indépendamment de toute considération théologique, nous répugnons absolument à admettre une telle origine pour l'homme. S'il eût été homme complet (corps et âme) dès la vie embryonnaire ou dès la naissance, on ne conçoit pas sa première éducation par la bête. S'il n'eût été homme que par le corps jusqu'à l'âge adulte, on ne conçoit pas un vrai corps humain s'épanouissant en dehors de la vie raisonnable sous des influences bestiales.

nement net, de supposer la création immédiate du germe (génération spontanée en apparence), et son développement rapide par des formes larvaires, qui rendirent inutile, une première fois, la vie embryonnaire dans l'œuf ou l'utérus.

---

§ 5e. — Origine simienne de l'homme.

Nous avons, en réfutant le transformisme, réfuté implicitement l'erreur qui fait de l'homme un quadrumane ou primate perfectionné. Mais elle mérite un examen particulier. D'une part, en effet, pour les matérialistes et les panthéistes, elle est le couronnement et le but suprême du système ; d'autre part, sa réfutation scientifique ébranle, par voie d'analogie, toute l'évolution. Or il se trouve précisément que l'évolution appliquée à l'homme se heurte à des impossibilités plus frappantes ou même spéciales, d'ordre même purement scientifique. Elles valent aux yeux même de plusieurs savants favorables pour le reste à la thèse de la descendance. Nous renvoyons à la philosophie l'argument tiré de l'abîme intellectuel et moral qui sépare l'homme des animaux, et nous rangeons les autres preuves sous *trois chefs* : 1° différences organiques ; 2° absence de lien paléontologique ; 3° découvertes préhistoriques et ethnographiques. Nous les confirmerons par les aveux des paléontologistes et anthropologistes, même incroyants.

I. Différences organiques.

Les transformistes qui réduisent l'évolution à la famille font généralement de l'homme un *type à part*, sans lien généalogique avec les quadrumanes ou singes. Des traits importants, en effet, le séparent des grands singes dits *anthropoïdes* (ressemblant à l'homme), orang-outang de Bornéo, chimpanzé et gorille d'Afrique. Ces traits ont d'abord une portée finale absolument exceptionnelle dans le règne animal : ils dénotent l'adaptation de l'organisme au service d'une intelligence raisonnable. Mais, au point de vue purement anatomique et physiologique, ils suffisent encore pour constituer une famille bien isolée, sinon un ordre, celui des *bimanes*. Cet ordre était admis par Cuvier et par la masse des naturalistes, avant qu'on se fût préoccupé de nous rapprocher de la bête en nous associant plus ou moins intimement aux singes et aux lémuriens dans le groupe honorable des *primates*.

Les traits distinctifs de l'homme sont :

1. La *station* parfaitement *droite*, assurée par de remarquables dispositions anatomiques, telles que la largeur du bassin, la double courbure de la colonne vertébrale, l'équilibre de la tête :

> Os homini sublime dedit, cœlumque tueri
> Jussit, et erectos ad sidera tollere vultus (Ovide).

2. *La distinction entre la main et le pied*. — Le pied parfait de l'homme assure sa marche. D'autre part, la main n'est pas chez lui, comme chez le singe, un simple instrument de préhension, mais un agent délicat du tact et un instrument universel de l'intelligence.

3. *L'atténuation des os de la face*, des dents molaires et canines au profit de la capacité crânienne : c'est la bête cédant le pas à l'esprit.

4. *Les dimensions trois fois plus grandes du cerveau*. On ajoute que les circonvolutions frontales se développent les premières chez l'homme, à l'inverse du singe : or ce sont celles qui paraissent le plus directement au service de la raison, puisqu'elles président notamment à la parole.

5. *La liberté de la langue*. Malgré ce que nous avons dit des os de la face, la langue de l'homme, comme le fait observer M. de Nadaillac, dispose d'une place très spacieuse tant en largeur qu'en longueur ; chez les singes, au contraire, elle est resserrée en tous sens et ne se prête pas aux évolutions compliquées nécessaires pour l'émission des sons articulés : aussi le singe, malgré son instinct imitateur, ne sait pousser que des cris

Aucune des dispositions que nous venons de décrire ne peut s'expliquer par l'action du milieu ou par un effort du singe vers la satisfaction d'un besoin. C'est l'opinion du transformiste *Wallace*, qui voit dans ces dispositions du corps humain le résultat d'une *action providentielle*, destinant l'homme à être par rapport aux animaux ce qu'est Dieu par rapport à l'homme. De même *Dana*.

Le Dr Topinard fait, sous une autre forme, ressortir la place à part de l'homme. Il constate que les anthropoïdes diffèrent plus de l'homme, sous certains rapports, que les autres singes, et qu'ils forment avec ceux-ci, dans l'ordre des primates, la famille homogène et unique des singes, distincte de celle de l'homme (1).

II. Absence de lien paléontologique.

Il résulte de l'exposé précédent, non seulement qu'il y a un abîme entre l'homme et le singe, mais encore que les anthropoïdes présentent une différenciation qui les éloigne de nous plus peut-être que les singes inférieurs, de sorte qu'aucun quadrumane actuel ne peut-être notre ancêtre. On s'est donc résigné à chercher dans les types géologiques un *ancêtre commun de l'homme et du singe et quelque anneau reliant l'homme à cet ancêtre.*

1. L'*anneau*, d'abord, comme on a dit, le *proanthropos* ou *précurseur de l'homme.* — On a découvert, près de Saint-Gaudens, les ossements d'un grand singe, le *dryopithecus Fontani.* On lui attribua d'abord des caractères presque humains et même la taille prétendue des silex de Thenay. Mais des éléments plus complets (des portions de la face et du crâne) firent descendre le dryopithecus au niveau des macaques et des magots, formes simiennes des moins élevées. L'anneau, après tous les progrès de la paléontologie, paraît introuvable, du moins en Europe (2).

---

(1) « Par la tête et le crâne, les anthropoïdes se confondent avec les autres singes, et ne sont pas même, à l'état adulte, aussi favorisés que certains d'entr'eux. Pour le pied, ce sont des singes au plus haut degré : ils n'ont rien de l'homme. Contrairement à ce qu'on dit, ils sont moins aptes à se tenir debout que les autres singes : ceux-ci peuvent marcher à terre la plante étendue, les anthropoïdes le peuvent moins. Les singes avaient, aux membres inférieurs comme aux membres supérieurs, une main pouvant agir comme pied : cette main s'est perfectionnée chez les anthropoïdes dans le sens de sa fonction de crampon, mais au détriment de sa fonction de pied. La main postérieure creuse donc, entre l'homme et le singe, un abîme ; mais entre l'homme et les anthropoïdes cet abîme est plus grand encore ».

(2) Parlerons-nous du *pithécanthrope* ou *anthropopithèque* de Java. Quatre ossements (deux dents molaires, un fragment de crâne et un fragment de fémur),

2. *L'ancêtre commun.* – Pour en signaler un, soi-disant acceptable, on remonte jusqu'aux *marsupiaux* secondaires : les marsupiaux seraient la souche de tous les ordres de mammifères supérieurs, y compris l'homme. Encore faut il négliger, dans ces ancêtres, des différenciations gênantes. — On a plus près, il est vrai, les *lémuriens* de l'Inde et de Madagascar, primates à caractérisation indécise. Ils ne sont pas satisfaisants comme ancêtres communs ; mais ils permettent de supposer que le primate, ancêtre commun des lémuriens, des singes et des hommes, habitait un grand continent, la Lémurie, aujourd'hui malheureusement submergé sous l'océan Indien. Que ce continent ait existé, du moins aux temps secondaires, alors que la classe des mammifères était représentée par les seuls marsupiaux, la stratigraphie en fait foi ; mais que le primate ancêtre l'ait occupé, sans laisser aucune dépouille dans les débris de ce continent, où ses descendants ont si bien prospéré, c'est une hypothèse que les évolutionistes positifs ne prennent guère au sérieux.

III. Découvertes préhistoriques et ethnographiques.

Deux affirmations sont chères aux transformistes matérialistes : 1° L'homme primitif avait des traits presque simiens (*infériorité physique*) ; 2° il était dans un état de sauvagerie voisin de la bestialité (*infériorité morale*). Il a donc évolué depuis et a dû évoluer avant. L'archéologie quaternaire dément la première affirmation ; elle ne justifie point la seconde, qui est contredite par l'ethnographie.

1° *Infériorité physique (traits simiens).*

Nous sommes déjà loin des temps où la mâchoire sans menton de la Naulette (Belgique) passait pour le type de la race Européenne la plus ancienne et en même temps la plus dégradée : un examen attentif a mis en question et l'âge et

trouvés à distance les uns des autres dans des alluvions d'âge incertain, et appartenant peut-être à des individus différents, dont on ne sait s'ils étaient homme ou singe, suffisent-ils pour chanter victoire ? Cette découverte, autour de laquelle on fait tant de bruit, rentrera sans doute bientôt dans une légitime obscurité.

l'imperfection de ce reste humain (1). Il est d'ailleurs reconnu maintenant que les crânes préhistoriques à caractères inférieurs sont des *exceptions* pathologiques, dont les exemples contemporains ne manquent pas chez nos races civilisées.

2° *Infériorité morale* (*sauvagerie*).

1. *Archéologie quaternaire.* — La sauvagerie de l'homme dit préhistorique en Europe doit s'entendre au point de vue matériel. C'étaient des échappés des grandes civilisations orientales, qui florissaient à la même époque, ou des rameaux détachés du tronc primitif de l'humanité avant l'épanouissement de ces civilisations. Errants à la recherche d'une nouvelle patrie, sous un climat rigoureux et en face d'animaux redoutables, dépourvus de métaux, ils furent réduits à tourner toute leur activité intellectuelle vers la satisfaction des besoins les plus urgents. On peut faire ce dilemme : Ou cet être si mal armé était intelligent, ou, dans sa faiblesse physique, il eut été bientôt vaincu et anéanti par les autres espèces. — D'ailleurs rien ne prouve en lui l'absence du sens moral. L'anthropophagie, dont on l'a accusé sans preuves, n'y suffirait pas. Le soin d'ensevelir les morts, remontant au premier âge paléolithique (grotte de Bec-aux-Roches à Spy près Namur) (2) et le mode même d'ensevelissement (position du corps, objets déposés auprès du mort) indiquent la croyance à la vie future.

2. *Ethnographie.* — Cette science confirme ce que nous venons de dire sur les causes de la barbarie et, si l'on veut, de la sauvagerie de l'homme quaternaire européen. Quatrefages nous montre les races les plus dégradées comme le résultat d'une décadence dont on peut souvent suivre l'histoire. L'éloignement de la mère-patrie, l'absence de ressources matérielles amenèrent ce résultat. Le cerveau développé, la perfection du langage (Australien, d'après Hale) démontrent un ancien état de civilisation. L'observation établit que le

(1) Quant au crâne de Néanderthal (Allemagne), M. Schwalbe vient de démontrer à nouveau qu'il faut s'en tenir à la première opinion émise au sujet de ce débris : on a affaire certainement à un vulgaire singe anthropoïde, ayant même capacité crânienne que le chimpanzé (*Cosmos*, 31 mai 1902, p. 682).

(2) *Revue des Quest. Scient.*, juillet 1892, p. 261-263.

phénomène inverse, le relèvement du sauvage abandonné à lui-même et à sa misère, ne se produit pas : il ne va qu'en déclinant. Toutes les civilisations anciennes et modernes, sans en excepter celles du Pérou et du Mexique avant la conquête Espagnole, dérivent des civilisations orientales primitives ou du christianisme. Il faut donc prendre le contre-pied de la thèse évolutioniste : pas de progrès de la brutalité à la civilisation ; progrès seulement en vertu d'une impulsion originaire intellectuelle et morale ou par initiation du dehors ; décadence, dès que cette impulsion interne ou externe tombe au-dessous d'un certain niveau.

IV. Aveux et conclusion.

Wallace : « Nous n'avons pas fait un seul pas appréciable vers la découverte d'une phase primitive dans le développement de l'homme... Les crânes les plus anciens que l'on connaisse... n'offrent rien qui indique des êtres dégradés. »

Huxley, agnostique : « Aucun être intermédiaire ne comble la lacune qui sépare l'homme des troglodytes : nier l'existence de cet abîme serait aussi blâmable qu'absurde. »

Adrien de Longpérier appelle l'origine simienne de l'homme « son *roman* préhistorique ».

Dollfus : « *L'ultra-fanatisme dû protoplasme.* »

Virchow « une intolérance nouvelle, un dogmatisme prétentieux, une science d'Etat. » Il résumait ainsi l'état vrai de la science incrédule, dans son discours d'ouverture du congrès de Moscou (1892) :

« C'est en vain qu'en cherche le chaînon qui aurait uni l'homme au singe ou à quelque autre espèce animale ». Les types inférieurs de l'humanité (nous l'abrégeons ici) ont des indices de formation pathologique, des traces de dégénérescence. « Ainsi, dans la question de l'homme, *nous sommes repoussés* sur toute la ligne. Toutes les recherches entreprises dans le but de trouver la continuité dans le développement successif ont été sans résultat, *il n'existe pas de proanthropos*, il n'existe pas d'homme-singe. Le chaînon intermédiaire demeure un fantôme. »

Les savants impartiaux diront donc avec M. Bertrand :

« Chercher dans les bas-fonds de l'humanité le point de départ du progrès humain, c'est une erreur dangereuse, condamnée par l'histoire du monde civilisé. Nous ignorons le mystère de la création ; sachons supporter notre ignorance. Certaines conceptions transcendantes nous apparaissent, suivant l'expression de Littré, avec le double caractère de réalité et d'inaccessibilité. Disons avec lui : *La science s'arrête ici* ; mais gardons-nous d'aller jusqu'à la négation... la science doit se contenter de constater son impuissance. Ne nous hâtons pas, à la suite d'une *école qui a l'orgueil de la science sans en avoir toujours le respect*, et qui ne sais pas attendre, de rabaisser, de mutiler la noble nature de l'homme. Respectons-nous dans nos ancêtres. L'histoire impartiale proteste contre ces théories édifiées à côté d'elle, je dirais contre elle. »

Concluons nous-même. Pour nous, à qui la Révélation a rendu accessible ces réalités, dont le concept transcendant échappait aux recherches positives de Littré, nous saurons attendre avec la vraie science, non la preuve de notre origine animale, mais le moment où l'avortement définitif de tant de recherches dans une fausse voie sera pour nos adversaires comme pour nous la confirmation de la foi.

ARTICLE CINQUIÈME

AVENIR DE LA TERRE ET DES MONDES.

Finis venit, venit finis.
(*Ezech.* VII, 6,)

TABLEAU SYNOPTIQUE

Les mondes doivent finir		§ 1er	
Deux hypothèses	Fin par le feu	§ 2e	
	Fin par le froid	§ 3e	pour la terre I
			pour l'univers II

§ 1er — Les mondes doivent finir.

Il ne s'agit pas ici d'un anéantissement, mais d'une sorte de mort.

L'étude des hypothèses cosmogoniques (1) et même l'étude plus positive de la géogénie, nous a montré que le monde, et particulièrement la terre, a commencé par un état pour ainsi dire embryonnaire. Un chaos igné régnait primitivement sur le globe terrestre ; on peut y constater les étapes de l'organisation physique et celles de la vie ; l'homme est d'hier. Les faits acquis à la science sont donc bien contraires à certains systèmes philosophiques de l'antiquité, d'après lesquels les générations humaines se seraient succédées éternellement. Mais la loi du refroidissement, qui a présidé à ces faits, qui a rendu autrefois la terre propre à recevoir et à nourrir la vie, cette même loi deviendra une loi de décadence et de mort. Des catastrophes ignées pourront suspendre, faire rebrousser en quelque sorte cette marche fatale ; mais la mort par le

(1) Voir 1re partie, art. 1 et 2.

froid serait toujours, scientifiquement, la consommation définitive.

---

§ 2e — Fin par le feu.

1. Le *volcanisme*. — Le feu central n'a pas dit tous ses secrets. Bien que l'histoire du passé géologique soit relativement rassurante, on peut admettre une explosion tellement violente et tellement générale, qu'elle brûlerait tout à la surface du globe.

2. La *traversée d'un nuage cosmique*. — Le passage de la terre dans un essaim d'astéroïdes cométaires détermine une pluie d'étoiles filantes, qui n'est pas sans engendrer de la chaleur. On peut supposer que notre planète, parcourant en compagnie du soleil des espaces inconnus, rencontrera quelqué région encombrée d'une masse bien plus étendue et bien plus dense de tels astéroïdes, ou même un nuage de vapeurs incandescentes, telles qu'on se figure les nébuleuses non résolubles. La terre alors sera littéralement bombardée ou bien se brûlera comme une mouche à un flambeau (1).

3. La *chute des mondes*. — Il ne semble pas que les groupes stellaires dont notre soleil fait partie aient un équilibre stable; ils doivent, au contraire, tomber vers leur centre de gravité commun : c'est ce que mettrait sous nos yeux la structure spirale de certains amas (Fig. 1, à la p. 10). Cette chute, lente encore à cause de la grandeur des distances, s'accentuera. Or le choc final serait la source d'une chaleur énorme, capable de réduire de nouveau le système à l'état de nébuleuse, pour lui faire recommencer, dans des conditions nouvelles d'unité grandiose, les évolutions dont parle Laplace. La ruine de mondes nombreux, mais relativement petits, serait ainsi le germe d'un monde nouveau, grandiose dans son unité.

---

(1) On tend aujourd'hui à expliquer certaines étoiles temporaires par le passage d'un astre plus ou moins refroidi et éteint à travers une nébuleuse proprement dite (amas immense de vapeurs ou d'astéroïdes). C'est l'opinion de Seeliger pour la nouvelle étoile du Cocher (*Cosmos*, 7 janvier 1893, p. 177).

§ 3e — Fin par le froid.

I. Pour la terre.

S'il n'arrive auparavant à la terre aucun des accidents susmentionnés, elle périra par le froid.

1. *Absorption de l'atmosphère.* — Le feu central est aujourd'hui un facteur insignifiant dans la production de la chaleur nécessaire à la vie ; il pourrait s'éteindre de ce chef sans grand inconvénient. Mais d'un autre côté, s'il cessait à jamais de restaurer les reliefs du sol, nivelés par la dénudation, les continents prendraient un caractère désertique. Si la restauration des reliefs, au contraire, continuait à se faire périodiquement, l'air continuerait à être absorbé, par voie mécanique ou chimique, dans les sédiments nouveaux (nous avons expliqué par cette absorption la supériorité du climat tertiaire snr le climat secondaire). Seulement l'excès de raréfaction serait désastreux. C'est l'atmosphère qui retient la chaleur solaire, en même temps qu'elle est nécessaire à la respiration. Sa disparition progressive ferait descendre dans les plaines le froid des hauts sommets et leur insuffisance respiratoire. Avant même que les mers fussent envahies par les glaces, et la circulation des vapeurs fécondantes suspendue, la vie s'éteindrait dans une longue agonie. Enfin la terre glacée ne serait plus, comme la lune, qu'un astre desséché et mort.

Cette longue agonie lui sera sans doute épargnée par l'extinction du soleil.

2. *Extinction du soleil.* — Le Soleil doit un jour s'obscurcir, puis s'éteindre. En effet, les hypothèses de Seemans et autres, pour expliquer le maintien de sa température par la chute de matières cosmiques, ne paraissent pas bien solides ; cette alimentation d'ailleurs, devant faiblir graduellement, ne ferait que retarder l'extinction finale. Il est beaucoup plus probable que le maintien de sa photosphère à une température constante depuis des siècles, malgré un énorme rayonnement annuel, provient d'une source intérieure, c'est-à-dire d'un excès considérable de chaleur emmagasiné dans son noyau. Nous

avons vu que cette chaleur est communiquée à la surface par une ascension continuelle de masses gazeuses chaudes à la place des nuages lumineux refroidis. Mais un jour viendra, jour fort impossible à prévoir, peut-être proche, où l'équilibre se sera à peu près établi. La photosphère, mal alimentée, s'éteindra rapidement ; elle sera remplacée par une couche ou croûte lumineuse beaucoup plus profonde, dont l'éclat intrinsèque moindre sera encore affaibli par un énorme écran gazeux. La terre, alors presque totalement privée de chaleur et de lumière, s'engourdirait dans les glaces et les ténèbres : tous les êtres vivants périraient.

II. Pour l'univers.

Si maintenant nous passons de la fin de la terre à celle de l'univers entier, il faut reconnaître qu'au point de vue des causes naturelles, sa *consommation tout à fait dernière* paraît devoir être la *mort dans le froid.* — En effet, la naissance d'un nouveau monde par refonte des anciens n'est pas une restitution de l'énergie calorique primitive. Celle-ci a été irrémédiablement dissipée ; la nouvelle est une transformation d'un potentiel mécanique de gravitation, qui disparaît. Le monde nouveau dissipera par rayonnement, pour arriver à l'âge adulte, une grande partie de l'énergie qui lui a donné naissance. N'ayant pas autant de potentiel de chute que son devancier, il ne pourra, si c'est encore possible, donner une troisième génération cosmique que dans des conditions péjorées. On aura à la fin plusieurs grosses masses ou même (si la concentration peut être poussée jusqu'au bout) une énorme masse glacée, n'ayant d'autre mouvement qu'une rotation ou une translation sans points de repère. L'espace indéfini aura englouti toute l'énergie utile, transformée en chaleur, comme l'Océan engloutit une goutte d'eau.

> Et d'ailes et de faux dépouillé désormais,
> Sur les mondes détruits le temps dort immobile (Gilbert).

Une telle fin, si lointaine qu'elle soit, est bien peu consolante ; mais nous verrons, en terminant ces études, que, si l'âme immortelle doit être préservée, pour des raisons morales et par des causes surnaturelles, d'un froid ensevelissement dans le vide et les ténèbres, de même la Providence ne manque point de ressources pour assurer à l'homme ressuscité le fruit de ses travaux, dans un monde préservé de la décadence par un contact, une communion plus intime avec la vie divine.

DEUXIÈME PARTIE

ACCORD AVEC LA BIBLE

ARTICLE PREMIER

PRINCIPES DIRECTEURS (1)

Nulla unquam inter fidem et rationem vera dissentio esse potest.

(*Conc. Vatic.* : *constitutio de fide catholica*, c. IV.)

TABLEAU SYNOPTIQUE

§ 1er. — État de la question.

Malgré les divergences d'opinion des Pères sur l'œuvre des six jours, les commentateurs avaient fini par adopter communément l'interprétation, à première vue la plus naturelle et la plus littérale, d'après laquelle les jours de la création doi-

(1) Consulter : Pianciani, S. J., au commencement de *Cornelius à Lapide* (édition Vivès) ; — Reusch, *La Bible et la Nature*, 1re édition, la seule orthodoxe, traduite par Herter (chez Gaume) ; — Molloy, *Science et Révélation*, traduit et annoté par l'abbé *Hamard* (2e édition, chez Haton) ; — Lavaud de Lestrade, *Accord de la science avec le 1er ch. de la Genèse* (Haton) ; — Guibert, *Les origines*, I. *Cosmogonie* (Letouzey et Ané) ; — plusieurs articles de la *Revue des Questions scientifiques* (notamment *Jean d'Estienne*, avril et juillet 1877, analyse de *Güttler*, avril 1880, *Schæfer* et *de Foville*, 1882, 1883, 1884), de la *Controverse*, du *Cosmos* ; etc. — Sur le déluge : Motais et Hamard, dans P. Jésuites, avril 1868, Controverse, 16 mars 1881, et les articles terminés le 1er avril 1884.

vent être entendus dans le sens propre de durées de vingt-quatre heures.

Cependant on commença à s'apercevoir que les couches fossilifères, avec leur succession réglée, ne pouvaient pas s'expliquer par le déluge, et qu'au lieu de confirmer ce point de l'histoire biblique, elles soulevaient une difficulté scientifique contre la rapidité de l'œuvre créatrice. Au commencement du siècle présent, lorsque la géologie prit son essor, la lutte s'engagea vivement au sujet de la contradiction entre les périodes géologiques et les jours de la création.

Puis vinrent des difficultés sur l'universalité du déluge, sur la date récente que semble attribuer la Bible à la création de l'homme.

---

§ 2e. — But à atteindre.

Il ne peut, aux yeux de la foi, exister aucun désaccord réel entre les données des sciences et l'Ecriture Sainte. Le but de notre examen doit donc être de dissiper une apparence trompeuse.

S'il restait quelque embarras, il faudrait attendre avec confiance de nouvelles lumières, tant des progrès de l'exégèse que de ceux de la géologie. Mais il ne faudrait pas blesser la loyauté en faussant l'une ou l'autre : la vérité ne connaît pas cette arme. D'ailleurs, les difficultés de détail non résolues sont l'exercice et non le scandale de la foi.

Si, au contraire, notre examen nous conduit au delà même de notre but, en nous faisant constater une concordance positive et frappante entre le récit biblique et l'histoire scientifique de la formation du monde, nous n'aurons qu'à nous réjouir. Cette concordance sera une nouvelle lumière jetée, non seulement sur la véracité, mais sur l'inspiration de nos Livres Saints ; il est difficile en effet de concevoir que l'ordre réel de la création ait pu être connu de l'auteur de la Genèse par une intuition naturelle. Mais la prudence exige qu'on ne cherche pas dans cette conclusion, encore contestée et peut-être réformable, un appui proprement dit à la Révélation.

§ 3e. — Liberté de l'exégèse dans la matière présente.

I. Ses bases.

La liberté dans l'interprétation *purement* historique ou physique du récit biblique est basée :

1. *En fait*, sur la *conduite des Pères*, qui procèdent en ce qui concerne l'œuvre des six jours par mode d'opinion ou de *conjecture personnelle*, et qui ne se montrent *pas d'accord* ;

2. *En droit*, sur la notion du *rôle de l'autorité dans l'interprétation des textes sacrés* (Cette raison vaudra aussi pour le déluge, la chronologie, etc.).

Il faut distinguer, en effet, la portée dogmatique des textes, qu'il s'agisse de mystères révélés, de principes moraux ou de faits liés intimement au dogme (1), et la portée purement historique ou physique de certains détails. Quelquefois le dogme est formulé dans une phrase courte, qui ne contient que lui : ce sont là, par excellence, les textes que S. Thomas appelle *textes dogmatiques per se* (Sur le 2e livre des Sentences, dist. 12, a. 2). Souvent, au contraire, la vérité religieuse est illustrée par des détails circonstanciés qui l'enveloppent ou l'accompagnent, mais qui, pris isolément, n'ont aucune portée religieuse : ces détails ne sont *dogmatiques* que *per accidens*, c'est-à-dire, comme l'explique S. Thomas, ne sont objets de foi qu'en tant que certifiés accessoirement par l'inspiration divine. Comme exemple du premier type, on peut citer le préambule de l'œuvre des six jours : « *In principio Deus creavit cœlum et terram* ; » et, comme exemple du second, le récit de l'œuvre des six jours ou *hexaméron*.

Or, resserré dans une formule ou ressortant de détails indifférents en eux-mêmes, le sens dogmatique peut être déterminé par le consentement unanime des Pères et des théologiens ou par une décision de l'Eglise. Même sans être absolument fixée, l'interprétation traditionnelle s'impose d'autant plus qu'elle se montre plus ancienne, plus constante, plus com-

(1) Tels, la descendance adamique de tous les hommes, les promesses messianiques faites aux patriarches, la promulgation de la loi sur le Sinaï, en général les grandes lignes de l'histoire du peuple de Dieu.

mune. Le sens, au contraire, indifférent à la doctrine, des détails historiques et des descriptions physiques, n'a jamais fait la préoccupation de l'Eglise ni l'objet de ses décisions. Si les Pères se sont quelquefois rencontrés, sur ces points, dans une interprétation unanime, ç'a été par suite des idées, quelquefois des préjugés de leur temps.

Il faut donc, en matière purement historique ou physique, plus pleinement qu'en matière dogmatique, accepter l'aphorisme des Pères « *In dubiis libertas* » ou celui de Pianciani : « *Tolerare quod Ecclesia tolerat.* »

II. Vérités dogmatiques a sauvegarder.

Le principe de liberté que nous venons d'établir s'appliquera donc à l'interprétation du 1er chapitre de la Genèse, au récit du déluge, etc., dans les limites où leurs enseignements religieux seront intégralement respectés. Quels sont ces enseignements ?

I. Le *dogme de la création* est proposé par le premier verset ; les suivants ont pour but d'inculquer descriptivement que :

1. *Toutes choses sans exception ont été créées par Dieu :* c'est pourquoi les parties les plus saillantes de l'univers sont passées en revue ;

2. Elles ont été toutes *créées dans un état de bonté*, ce qui est peut-être dirigé contre le dualisme (bon et mauvais principes des êtres) et prépare en tout cas l'histoire de la chute : *Et vidit Deus quod esset bonum... et erant valde bona* (I, 4, 10, 12, 18, 21, 25, 31). Cf. Eccli. XXXIX, 21 : « *Opera Dei universa bona valde.* »

3. Elles ont été *créées en vue de l'homme*, motif de reconnaissance (I, 14, 15, 17, 28, 29). S. Cyrille, cité par Bonal, *Tract. de Deo.*

4. L'homme doit prendre le 7e jour un *repos religieux* (II, 3). Cf. Ex. XX, 11.

On voit sans peine qu'en tout cela, la nature précise de chaque œuvre et même celle des jours sont sans conséquence.

II. *L'unité originaire de l'espèce humaine et sa spiritualité* sont clairement enseignées par les versets 26 et 27.

On trouverait difficilement une pareille portée dogmatique

dans le récit du déluge ; il démontre cependant l'intervention positive et particulière de la Providence dans les destinées de l'homme.

---

§ 4e. — Règles d'interprétation spéciales.

Liberté n'est pas arbitraire. Il y a d'abord le principe que *tout texte de l'Ecriture est vrai*, à cause de l'inspiration divine ; il y a ensuite les *lois ordinaires du langage humain* (sens propre ou métaphorique, contexte, circonstances du milieu intellectuel et moral, etc.); il y a enfin des *règles spéciales* à notre matière, contenues implicitement sans doute dans les règles générales, mais qui ont besoin d'une exposition explicite.

1re règle : Ne pas attribuer un langage scientifique aux écrivains sacrés.

Bien qu'elles se rencontrent sur le terrain cosmogonique, les sciences naturelles et la Bible y poursuivent des *buts tout à fait différents*. Les *sciences* travaillent à construire l'histoire du monde physique en tant qu'elle manifeste le jeu des causes secondes et des lois générales de la nature. La *Bible* n'a directement en vue que d'enseigner les vérités religieuses. Si donc elle s'occupe du monde matériel, c'est au point de vue de la puissance et de la providence de Dieu, cause première et cause finale suprême. Quant aux vérités purement physiques et mathématiques : « Hanc scientiam homo peccando non perdidit,... et idcirco in Scriptura homo de hujusmodi non eruditur, sed de scientia animæ, quam peccando amisit. » (P. Lombard, 2e livre des Sentences, dist. 23.)

Il faut, en conséquence, interpréter le premier récit de la Genèse comme :

1. *Incomplet et obscur au point de vue scientifique ;*
2. *Conforme aux apparences.* — Les choses ont été décrites telles qu'elles auraient été vues par un témoin placé sur la terre, avec la grandeur que leur donne la perspective et avec

leur mouvement par rapport à nous (comme nous le dirons du soleil et de la lune). C'est là exprimer des *vérités relatives*, conformes à la fois à l'idée que le vulgaire peut se former des objets et à l'utilité qu'il peut en tirer. Saint Thomas, sur le *firmament* (Iª, q. 68, a. 3) : « Moyses rudi populo loquebatur, quorum imbecillitati condescendens, illa solum eis proposuit quæ manifeste sensui apparent... Ut tamen capacibus veritatem exprimeret, dat locum intelligendi aerem... » Cf. Q. 70 a. 1 ad 3um.

3. *Conforme aux buts poursuivis.* — Un des buts du récit est de justifier le repos sabbatique : de là l'emploi symbolique du mot jour dans une semaine divine. — Un autre but est de présenter à l'homme ce que Dieu a fait pour lui : il est donc naturel de trouver, non une cosmogonie complète et objective, mais plutôt une géogonie ou formation du séjour destiné à l'homme, y compris la voûte et ses ornements. « L'histoire de la création, dit Descartes (1), ayant été écrite pour l'homme, ce sont principalement les choses qui regardent l'homme ou sa demeure que l'inspiration y a voulu spécifier, et il n'y est parlé d'aucune qu'autant qu'elle se rapporte à l'homme. »

La 1re règle nous conduira à une exégèse simple et naturelle, et écartera tous les systèmes d'explication scientifique, d'après lesquels Moyse aurait parlé aux Hébreux d'objets fort inconnus alors et assez hypothétiques, tels que la *matière cosmique* (interprétation des *eaux supérieures*), l'*éther* (explication du *fiat lux*), etc.

2e règle : Eclaircir le texte par les données scientifiques.

Il est juste de chercher, dans les connaissances physiques que procure le progrès des sciences, les éclaircissements qui ne résultent pas de la discussion intrinsèque du texte : « La foi par la foi, l'histoire par l'histoire, la physique par la physique. » C'est ainsi qu'on peut être amené à abandonner des opinions auxquelles les Pères se voyaient naturellement inclinés par la physique de leur temps.

(1) Cité par Dupaigne, *les Montagnes*, ch. VIII.

3e règle : Ne pas sacrifier à une exégèse douteuse ou prévenue les conclusions certaines ou probables de la science.

Sans doute la géologie présente de grandes lacunes dans ses observations et de l'incertitude sur beaucoup de points théoriques. Il y a même des affirmations inspirées par un esprit anti-chrétien, telles que celles de Lyell sur la durée énorme de l'époque quaternaire après l'apparition de l'homme en Europe, et celle de Broca sur la sauvagerie brutale de nos premiers ancêtres. Mais il existe aussi des données considérées comme incontestables par les savants compétents de toute école : telle la très longue durée des formations sédimentaires.

Donc l'exégèse biblique, renfermant ses certitudes dans l'histoire dogmatique et morale de l'humanité, doit respecter les théories géologiques certaines ou généralement acceptées. — *Saint Augustin* avait senti le faible des thèses scientifiques introduites sous le nom de la Religion ; la fausse astronomie des Manichéens avait commencé à le dégoûter de leur secte, et il ne craignait rien tant que les théories ignorantes et imprudentes de certains catholiques (nous verrons plus loin ses propres paroles en traitant des points particuliers). — *Saint Thomas* : « Mihi videtur tutius esse, hæc, quæ philosophi commune senserunt et nostræ fidei non repugnant, neque esse sic asserenda ut dogmata fidei....., neque sic esse neganda tanquam fidei contraria, ne sapientibus hujus mundi contemnendi doctrinam fidei præbeatur occasio..... nec ea rejicere tanquam Dei verbo contraria quæ naturæ observatores concorditer asserunt. » (Opusc. X) « ... Ne Scriptura ex hoc ab infidelibus derideatur (1a, q. 68 a. 1). — *Suarez* : « Sententiæ magis philosophicæ et rationi conformi magis inhærendum est, quando Scriptura non cogit. » (De op. sex dierum I, II, c. 7). Et pourtant, combien la science d'alors ne contenait-elle pas d'erreurs communes ?

De là une précaution à prendre par l'exégète qui aborde ces questions mixtes, pour ne pas s'exposer à mépriser ce qui est digne de respect : c'est de se renseigner sérieusement sur les résultats acquis des sciences, particulièrement sur ceux de la géologie, et peut-être encore plus sur les méthodes par lesquelles on y arrive à la certitude. Après cela encore, à moins d'évidence palpable, il faut préférer à son propre jugement le témoignage unanime des autorités scientifiques.

Pour la même raison, il faudra, en ce qui concerne le déluge et la chronologie, tenir compte. non seulement du contexte et de l'intention de l'écrivain inspiré, mais encore des lumières qu'apportent la géologie, l'ethnographie, l'histoire profane.

---

§ 5e. — Impossibilité morale de la formation miraculeuse des assises terrestres.

C'est par mépris des règles que nous venons de tracer et pour maintenir coûte que coûte une interprétation vulgaire de l'hexaméron, que certains esprits en sont venus à cette hypothèse. Nous ne la rangerons pas parmi les systèmes de conciliation : 1° parce qu'elle n'a été guère indiquée que comme une solution, possible il est vrai, mais extrême et improbable ; 2° parce qu'elle ne peut être prise au sérieux par les géologues et ne doit pas l'être davantage par les théologiens. Nous l'écarterons donc dès l'abord, en rappelant les exigences naturelles d'un long temps pour les faits géogéniques, et en posant les principes qui excluent toute suppléance miraculeuse de ces faits.

1° *Les faits géogéniques ne peuvent se renfermer, sans miracle, dans l'espace de six jours naturels.*

La géogénie tout entière, interprétée par l'induction, montre aux yeux du géologue, d'une manière évidente, l'œuvre prolongée des causes secondes (1). Deux ordres d'indices, surtout, sont frappants : 1° *Signes de détéroriation* : grains usés ou bri-

---

(1) Ainsi Hutton (Revue des Quest. Scientif., juillet 1891, p. 201) ; Béchamp, citant Hirn (Revue du Monde Catholique, septembre 1877) ; Motais (Controverse, 16 avril 1882, p. 496.)

sés des grès, cailloux roulés des poudingues, coquilles brisées, ravinements profonds entre deux séries de couches (Fig. 75).

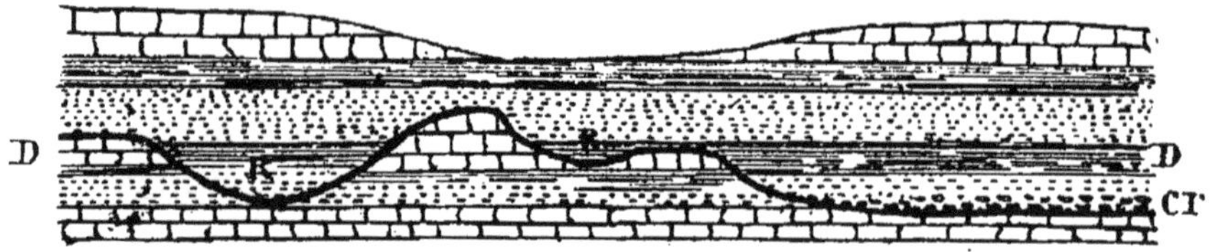

Fig. 75. — nn, ravinement ; cr, caillous roulés ; DD, niveau d'un banc calcaire entièrement enlevé vers la droite.

2° *Signes de la vie* : coquilles avec lignes d'accroissement annuel (Fig. 60, 63, à la p. 88) ; perforation de roches et de coquilles par des pholades, des vers ; empreintes de pas (Fig. 76, 77) ; excréments fossiles (coprolithes) contenant parfois

Fig. 76. — *Cheirotherium* ; piste de Dinosauriens.

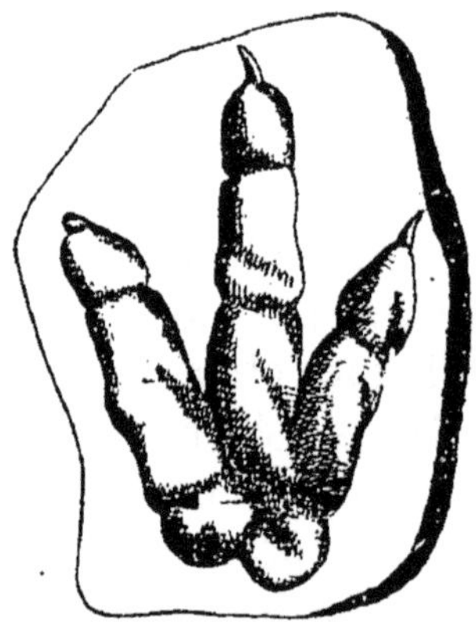

Fig. 77. — *Ornithichne* : piste de Brontozoon.

les restes reconnaissables du repas de l'animal. Rien que la supposition d'une coquille ou d'un squelette déposé avec des signes de mort tranquille ou violente, sans avoir réellement vécu, répugne au sens commun : autant vaudrait dire qu'on peut trouver une ville pleine de monuments et de manuscrits, où les hommes n'ont jamais vécu (1). « Entre l'évidence des yeux, qui n'admet pas l'illusion, et l'hypothèse de Laplace,

(1) Tilman Pesch, n° 567.

qui marche sur un terrain douteux, il y a le vaste champ des faits géologiques, qu'un esprit un peu scientifique ne peut connaître sans y voir l'évolution des causes secondes » (1).

2° *Principes exclusifs d'un miracle.*

Supprimer tout ce travail évolutif par la création instantanée de tous ses résultats, serait un miracle proprement dit, mais un miracle sans but, contraire par conséquent à la sagesse et à la véracité divines, par conséquent inadmissible.

1. Un *miracle* proprement dit. — La création des éléments et de leurs lois, la création aussi des être vivants, au moins dans leurs germes, ou, si leur nature l'exige, à l'état adulte, voilà certainement, en un sens, de grands miracles : toutefois, aucune de ces opérations divines ne doit porter proprement le nom de miracle : « *Creatio* et justificatio iniqui non proprie loquendo miracula dicuntur » nous enseigne S. Thomas ; et pourquoi ? « *Quia non sunt nata fieri per alias causas.* » (I[a]. q. 105, a. 7, ad 1[um]). Mais « *tout ce qu'une induction légitime rattache aux causes secondes ne peut en être détaché sans miracle* » Pourquoi ? C'est la contre-partie nécessaire de l'argument de S. Thomas : *Quia sunt nata fieri per has causas.*

2. Un miracle *sans but*, et par suite *contraire à la sagesse divine.* — Un miracle est un acte aussi sage que prodigieux : il a toujours pour fin de manifester Dieu aux hommes, en vue d'établir ou de fortifier entre eux et Lui le lien de la Religion. Aucun intérêt pareil ne se présente ici. Posons avec S. Thomas le principe suivant : « *In primâ institutione naturæ non queritur miraculum,* sed quid natura rerum habeat, ut Augustinus ait » (I[a], q. 67 a. 4 ad 3[um] ; S. Aug. de Genesi ad litteram, lib. II, c. I). D'où il conclut que les eaux supérieures n'obéissaient pas à une loi d'exception (q. 68 a. 2 ad 1[um]) et d'où il aurait sans doute conclu avec nous que les signes d'évolution n'ont pas été simulés (2).

---

(1) Les Mondes, 12 septembre 1878, p. 86.

(2) Tilman Pesch (n° 567) entend comme nous le texte de St Thomas. Le P. Mazella en conclut au contraire que ce qui est miracle après la création ne peut être que naturel dans la création. Mais 1° il confond avec la création proprement dite l'œuvre d'organisation qui est aussi impliquée dans la *prima institutione naturæ* et

En dehors des fins propres au miracle, la sagesse infinie n'éclate que par la création, la coordination et la direction des causes secondes : « *Dominus sapientia fundavit terram, stabilivit cœlos prudentia. Sapientia illius eruperunt abyssi, et nubes rore concrescunt* » (Prov. III, 19, 20 ; ajoutez VIII, 27 à 31, Sap. XI, 20 avec le contexte, I Cor. I, 21).

3. Un miracle *contraire* même *à la véracité divine.* — Le miracle, ici, n'aurait eu d'autre effet que d'introduire dans l'œuvre divine le faux sur toute la ligne, contrairement à cette affirmation de l'Ecriture : « *Omnia opera ejus in fide* (Ps. XXXII, 4). La Bible et la nature sont deux livres dont la véracité est également garantie par leur commun auteur. Il faut demander à chacun, avant tout, l'ordre de connaissances qu'il a spécialement en vue ; la Bible sagement consultée, sous le contrôle de l'Eglise, nous donne la vérité religieuse ; la nature interrogée scientifiquement, nous livre la vérité physique.

On objecte que la véracité de la Bible est engagée par le sens obvie de jours naturels et par la liaison que Dieu établit entre la durée de son œuvre et la semaine humaine. — Nous répondons sur le premier point, que la véracité du livre inspiré n'est pas plus engagée par cette interprétation, si naturelle soit-elle. de l'ignorance antique, que la véracité du livre de la nature ne l'est par le jugement du vulgaire sur la grandeur et le mouvement des astres. Il est même bon que l'œuvre divine ait été présentée sous une forme accessible aux conceptions des simples. « Ut neque illi qui nundum queunt intelligere quomodo creat Deus, tanquam excedentia vires suas dicta recusarent ». C'est pourquoi, maintenant encore, on aurait tort de lancer dans les jours-périodes, etc., les enfants d'un catéchisme ordinaire. — Sur le second point, il faut répondre que, si une correspondance aussi complète entre les deux

---

à laquelle appartient certainement la distinction des eaux supérieures ; 2° il mène à résoudre en sens contraire cette question des eaux supérieures, étant posé qu'aucune exception aux lois actuelles n'eût été alors un miracle ; 3° il infirme la raison par laquelle St Thomas distingue la création du miracle ; 4° il fausse le sens grammatical : la phrase « Non queritur miraculum, sed... » ne signifie point « Nihil datur quod dici possit miraculum... », mais, à cause de l'opposition des termes : « non investigare est quid fieri potuisset miraculose, sed quid secundum leges naturales. »

semaines, pour le fond des choses, eût été nécessaire aux yeux de Dieu, il aurait formé le monde autrement : son œuvre porterait alors les signes d'une série de jets instantanés, la géologie stratigraphique n'existerait pas. En un mot, le vrai sens de l'histoire biblique ne saurait être en contradiction avec le sens évident de l'histoire naturelle.

ARTICLE DEUXIÈME

INTERPRÉTATION DU RÉCIT BIBLIQUE DE LA CRÉATION

Genèse I, 1 à II, 3 (1)

Apud Dominum mille anni sicut dies unus. (II *Petr.* III, 8.)

TABLEAU SYNOPTIQUE

La création première et le chaos	§ 1er		
Nature des œuvres des six jours	§ 2e		
Nature des jours	§ 3e	Question préalable : le soir et le matin	I
		Valeur objective des jours	II
		Les jours dans la forme de la révélation	III

§ 1er. — La création première et le chaos.

LA CRÉATION (ỷ 1er).

AU COMMENCEMENT, DIEU CRÉA LE CIEL ET LA TERRE.

Ce verset est l'énoncé du dogme de la *création ex nihilo*, d'après toute la tradition catholique. D'ailleurs les mots *au commencement* et *créa*, rapprochés l'un de l'autre, excluent l'idée d'une simple organisation.

Les mots « *le ciel et la terre* » sont une locution hébraïque qui désigne l'*univers*. On peut d'ailleurs les entendre avec

(1) Les textes sont traduits sur l'hébreu, et abrégés à partir du ỷ 3. — Nous ne nous occupons pas du sens spirituel, et, s'il y a un double sens littéral, nous nous arrêtons à celui qui regarde le monde physique.

deux nuances différentes. 1° Ou bien il s'agit seulement du ciel et de la terre encore informes, puisque, au ỳ 2, la terre couverte par les eaux est déjà désignée sous son nom, quoiqu'elle ne le mérite et ne le reçoive proprement qu'après son émersion (ỳ 10) : c'est ainsi que paraissent les avoir entendus Saint Basile et Saint Ambroise. 2° Ou bien il s'agit de l'œuvre totale de Dieu, comprenant, avec la création proprement dite, son complément par l'organisation, de sorte que l'hexaméron serait compris implicitement dans le 1er ỳ : c'est l'opinion de Saint Chrysostôme (hom. III in Genesim) rapportée par Saint Thomas (Ia, q. 68 a. 1 ad 1um). Le ch. II ỳ 1 y paraît favorable.

L'*hexaméron* (œuvre des six jours) n'est qu'une œuvre d'organisation, sauf ce qui sera dit pour la création des êtres vivants : le mot *créer* n'y reparaît qu'au sujet des animaux (1).

LE CHAOS (ỳ 2).

ET LA TERRE ÉTAIT DÉSERTE ET VIDE, ET LES TÉNÈBRES (RÉGNAIENT) SUR LA FACE DE L'ABIME ET L'ESPRIT DE DIEU ÉTENDAIT SES AILES SUR LA FACE DES EAUX.

Déserte et vide ou même *vague et vide*, suivant l'hébreu *tohou-va-bohou*, très bien traduit par la Vulgate *inanis et vacua*. Le premier terme du grec des Septante, ἀορατος και ἀκατασκευαστος, *invisible et sans disposition*, est trop fort. Il ne s'agit pas en effet de la matière première des Scolastiques et des Anciens, comme le voulait Saint Augustin : cette matière n'a pu exister avant une forme quelconque (Saint Thomas, Ia, q. 66, a 1, ad 1um). Il ne s'agit pas non plus du premier état de la matière, tel que le conçoit l'hypothèse nébulaire : car, dans le chaos décrit par le ỳ 2, on voit déjà plusieurs objets distincts, au moins la terre et les eaux (même art. ad 2um) (2).

(1) C'est à tort, en effet, pensons-nous, que Cornelius à Lapide place la création première de la matière au 1er jour. De ses deux autorités, le IVe l. d'Esdras (VI, 38) est apocryphe ; le texte de l'Exode (XX, 11 : « Sex enim diebus *fecit* Dominus cœlum et terram, et mare, et omnia quæ in eis sunt »), où le mot *fecit* remplace *creavit*, peut s'entendre de l'œuvre d'organisation. Nous allons voir d'ailleurs que l'hexaméron fait suite au chaos.

(2) Le livre de la Sagesse (XI, 18) dit bien que Dieu a fait le monde d'une *matière*

Nous sommes ainsi amenés à reconnaître avec S. Thomas, dans ce chaos, la simple *absence des distinctions et des ornements* qui vont paraître à la voix de Dieu sur une terre déjà pourvue d'une organisation rudimentaire (I[a], q. 66, a. 1 in corp. et ad 2[um]. Cf. q. 67, a. 4; q. 69 a. 1). C'est ce qui va devenir manifeste par l'explication naturelle des autres termes.

L'*abîme*, d'après le sens usuel du mot hébreu *tehôm* (Job XXXVIII, 16, et ailleurs), signifie la *mer* ou *l'océan*, dont la terre était entièrement enveloppée et dont elle devait sortir au 3e jour. Ps. CIII, 6 : *Abyssus sicut vestimentum amictus ejus*. Job. XXXVIII, 8 : *Quis conclusit ostiis mare, quando erumpebat quasi de vulva procedens*. Voir S. Augustin (De Genesi ad litteram, l. I, c. XIII, 27).

Les *eaux* ont la *même signification*, comme il résulte du parallélisme avec le membre précédent ; à moins qu'on ne veuille y comprendre aussi les eaux supérieures ou nuées, dont nous allons parler et dont la mer ne sera complètement séparée qu'au 2e jour.

Les *ténèbres* couvrent l'océan, comme l'océan couvre la terre. Job (XXXVIII, 9) en donne la raison dans un parallélisme où l'*effet* (*ténèbres*) correspond à la *cause* (*nuée*) : *Quum ponerem* NUBEM *vestimentam ejus* (maris) et CALIGINE *illud quasi pannis infantiæ obvolverem*. Il ne s'agit donc pas ici de ténèbres régnant dans l'univers entier.

L'*esprit de Dieu* pourrait s'entendre (Bossuet, 2e élévation de la 3e semaine) de l'*atmosphère* immense, qui couvrait les eaux pour y maintenir la chaleur et procurer aux germes l'air respirable, comme un oiseau étend ses ailes sur sa couvée. Le participe hébreu *merahepheth* (*incubans, fovens*) contient cette métaphore de l'oiseau qui *couve* et par suite l'idée de *fécondation*. Mais l'atmosphère ne serait ici que le symbole et l'instrument d'une réalité plus haute, *l'Esprit Divin et Créateur*. Il est même naturel de voir dans notre texte la désignation directe de la puissance divine, conformément au

---

informe : παντaδυναμος σου χειρ και κτισασα τον κοσμον ἐξ ἀμορφου ὑλης. Ce concept est vrai, entendu de la matière cosmique encore impalpable et sans lumière. Mais l'allusion à notre ℣ 2 n'est pas prouvée, et, quand elle existerait, il ne s'ensuivrait pas que le Saint-Esprit ait voulu faire énoncer aux deux endroits le même fait.

sens biblique habituel de ces mots (1). Cf. Ps. XXXII, 6, d'après l'hébreu : *Spiritu oris ejus.* S.Thomas se range à cette manière de voir (I^a, q. 66, a. 1, resp. ad *sed contra* 2). Le rationaliste Rosenmuller entend lui-même « ἐνεργεια divina quà moveri et vivificari cuncta prisci opinabantur ». Cornelius a Lapide réunit pour ainsi dire les deux interprétations : « Spiritus Sanctus sua potentia auram calidam aspirans aquis. » Rien n'empêche du reste d'appliquer au propre Esprit de Dieu la métaphore de l'incubation (2).

En résumé : *Le globe terrestre enveloppé par la mer ; la mer enveloppée d'une atmosphère ténébreuse ; l'Esprit de Dieu présent et actif* : telle est la préface *immédiate*, le point de départ de l'hexaméron (3).

(1) Sans doute l'épithète *de Dieu* est un hébraïsme pour exprimer la grandeur, la majesté d'un objet : *montes Dei, cedri Dei,* et dans ce sens on peut entendre un *souffle puissant.* Mais, outre qu'il ne s'agirait point ici d'un vent violent, mais plutôt d'un air doux et chaud, outre que cette manière de parler implique précisément une manifestation particulière de Dieu dans les grandes choses, il est certain que l'expression Esprit de Dieu est communément employée dans l'Ecriture pour le propre Esprit Divin.

(2) Plusieurs voient, dans cette action fécondante attribuée à l'Esprit de Dieu dès le point de départ de l'hexaméron, l'indication implicite que dès lors furent créés tous les germes vivants, ou du moins qu'avec la lumière du premier jour apparurent les animaux les plus inférieurs : ces animaux, en effet, ne sont point visés proprement aux 5e et 6e jours. Nous pensons cependant qu'il peut s'agir simplement et généralement de l'action par laquelle Dieu va organiser le monde.

(3) Il nous semble que cette interprétation, si naturelle et si claire, écarte, comme tout à fait éloignées de ce que l'auteur sacré pouvait vouloir faire entendre, les interprétations fondées sur la science moderne, notamment celle de Pianciani (XXX), qui voit dans l'esprit de Dieu l'éther impondérable, et toutes celles de l'abbé Arduin (Revue des P. Jésuites, août 1877 ; Revue des Quest. Scientif., octobre 1878 et 1879). Il est vrai qu'on n'a plus une cosmogonie objective, mais une géogénie subjective : quel inconvénient ? Toute la suite montrera que c'est le vrai point de vue, comme nous l'avons annoncé dans les Principes directeurs.

§ 2e. — Nature des œuvres des six jours.

1er JOUR (ỳ 3, 4, 5).

ET DIEU DIT : QUE LA LUMIÈRE SOIT, ET LA LUMIÈRE FUT. ET IL SÉPARA LA LUMIÈRE DES TÉNÈBRES ; ET IL APPELA LA LUMIÈRE JOUR ET LES TÉNÈBRES NUIT.

ET LE SOIR FUT, ET LE MATIN FUT : PREMIER JOUR.

Nota. — Nous réservons pour le § suivant l'examen de la dernière formule, qui est reproduite à la fin de chaque œuvre.

La *lumière* qui *se fit* au commandement de Dieu est celle du jour, telle qu'elle se produit encore maintenant à la *surface de la terre.* En effet : 1° elle vient dissiper les ténèbres qui régnaient à la *surface de l'abime* ; 2° elle est appelée *jour* et opposée à la *nuit*, avec laquelle désormais elle partage l'empire par une alternance réglée ; 3° c'est à cette même lumière que le soleil vient présider plus tard, si l'on veut, avec S. Thomas, que l'œuvre du 1er jour ait persisté tout entière telle qu'elle fut d'abord instituée, qu'elle ait reçu seulement son complément par celle du 4e, que l'alternance enfin du jour et de la nuit ait eu dès le commencement sa cause actuelle (Ia, q. 67, a. 4, ad 2um et 3um) (1).

Cette œuvre est donc l'illumination première de la surface obscure de la terre, non la création d'une source de lumière.

Nous écartons par conséquent, comme contraire au con-

(1) Ce n'est pas à dire que l'écrivain sacré ait eu nécessairement connaissance de la relation d'effet à cause entre la lumière du jour et le soleil. Plusieurs Anciens ont cru que cette lumière, précédant et suivant la présence du soleil sur l'horizon, et occupant toute la voûte céleste, était distincte de celle du soleil et n'en recevait que sa perfection : ainsi S. Ambroise et S. Chrysostome. Mais il reste vrai que la lumière du premier jour est la même, dans ses lois et dans ses relations, que celle du 4e, la même qui n'a pas cessé de constituer le jour sur la terre.

texte, l'idée d'une première excitation des ondes lumineuses dans toute l'étendue du monde sidéral. Nous écartons à plus forte raison, comme forcée et tout à fait contraire au sens usuel du mot *aur*, surtout à son sens évident dans l'œuvre du 1er jour, l'idée de la création de l'*éther*, fluide impondérable susceptible de transmettre les vibrations lumineuses. Le mot *aur*, étymologiquement, put-il exprimer la fluidité, l'étymologie d'un mot n'en est pas la signification. Celui-ci ne saurait contenir la révélation d'une théorie scientifique.

2me JOUR (ỷ 6, 7, 8).

ET DIEU DIT : QU'IL Y AIT UN FIRMAMENT AU MILIEU DES EAUX, POUR SÉPARER LES EAUX D'AVEC LES EAUX. ET DIEU FIT LE FIRMAMENT, ET IL SÉPARA LES EAUX DE DESSOUS LE FIRMAMENT D'AVEC LES EAUX DE DESSUS LE FIRMAMENT. ET DIEU APPELA LE FIRMAMENT CIEL.

Le *firmament*, ainsi appelé par les Septantes (στηρεωμα) d'après son rôle de soutien, est en hébreu (*râqîah*) un voile étendu, une tente. Ps. CIII, 2 : *Extendens cælum sicut aulæum* (mieux que *pellem*). — C'est cette apparence d'une voûte bleue qui est appelée *ciel*, parce qu'elle supporte, non seulement les nuées, mais encore les astres.

Les *eaux supérieures* sont les *nues* ou du moins les *vapeurs* dont elles se forment et qui, suivant l'opinion vulgaire, constituent dans le ciel un réservoir indéfini. Ces eaux, jusqu'au 2e jour, reposaient immédiatement sur l'océan. Elles s'élevèrent alors, mais continuèrent jusqu'au 4e jour à former une nappe continue, comme aujourd'hui par un temps couvert et brumeux. Ps. CIII, 3 : *Qui tegis aquis superiora ejus*.

Les physiciens reconnaissent dans l'*atmosphère* la cause qui soutient les nuages et donne lieu à l'apparence de la voûte céleste. Un apocryphe (IV Esdras, VI, 41) insinue cette explication : « Die secundo creasti *spiritum firmamenti*, et imperasti ei ut... divisionem faceret inter aquas, ut pars quædam sursum recederet, pars vero deorsum maneret. »

Cette double interprétation du *firmament*, l'*atmosphère*, et des *eaux supérieures, les nuées*, paraît très plausible à Saint Augustin (de Genesi II, c. IV, 27) : « Hanc considerationem laude dignissimam judico..... Neque contra fidem est, et in promptu posito argumento credi potest. » Saint Thomas l'approuve aussi (Ia, q. 66, a. 3 ; q. 68, a. 1, 3, 4.) Le nom de *ciel* ne doit pas arrêter : outre l'observation faite ci-dessus sur sa convenance, il faut remarquer que les anciens appelaient l'atmosphère *premier ciel* ou *ciel de l'air*.

L'opinion, au contraire, qui faisait des eaux inférieures la matière du globe terrestre et des eaux supérieures la matière des astres, parce que l'aride est sortie de celles-là et que les astres ont paru au milieu de celles-ci, paraît insoutenable depuis que les progrès de l'astronomie ont fait connaître l'éloignement et la grandeur des corps célestes.

3me JOUR (℣ 9 à 13).

Il comprend deux œuvres :

1re œuvre.

Et Dieu dit : Que les eaux de dessous le ciel s'amassent en un seul lieu, et que l'aride paraisse. Et il fut ainsi. Et Dieu appela l'aride, terre, et l'amas des eaux, mers.

L'Ecriture célèbre magnifiquement et même avec hyperbole cette émersion de la terre habitable et sa stabilité providentielle :

Job, vii, 12, xxxviii, 8, 11 : *Quis conclusit ostiis mare, quando erumpebat quasi de vulva procedens..... et dixi : Usque huc venies, et hic confringes tumentes fluctus tuos.*

Prov. viii, 29 : *Quando circumdabat mari terminum suum, et legem ponebat aquis ne transirent finos suos.*

Ps. xxiii, 2 : *Ipse super maria fundavit eum, et super flumina præparavit* (mieux *firmavit*) *eum.* Cf. xcii, 2 ; cxxxv, 6. Surtout ciii, 5, 9 : *Qui fundasti terram super stabilitatem suam* (mieux *bases suas*).... *super montes stabunt aquæ : ab increpatione tua fugiunt..... Terminum posuisti, quem non transgredientur, neque convertentur operire terram.*

Mais on peut se demander comment s'est opérée la séparation de l'aride et des eaux. L'imagination, sur ce point, s'est donné carrière tant qu'on a ignoré la véritable structure du globe et les lois fondamentales de la physique. Quatre hypothèses se sont produites, qui toutes pouvaient se réclamer de quelque passage de l'Ecriture :

Les trois premières ont ceci de commun, qu'elles supposent les reliefs terrestres déjà constitués et les eaux passant sur le sommet des montagnes Ps. CIII, 6 : *Super montes stabunt aquæ.*

1. Les eaux étaient originairement moins denses, vaporeuses. Eccli. XXIV, 6 : *Sicut nebula texi omnem terram.* La condensation des eaux inférieures, commencée au 2me jour, s'est achevée au 3me et a découvert les sommets. (Saint Thomas I, q. 69, a. 1 ad 2um).

2. La masse des eaux, d'abord plus considérable, a disparu dans des réservoirs souterrains, d'où elle sortira momentanément pour le déluge. C'est ainsi qu'on entend à la lettre la terre fondée sur les eaux (Ps. XXIII, 2 ; CXXXV, 6), les sources du grand abîme (Gen. VII, 11) et Eccli. XXXIX, 22 : *In sermone oris illius, sicut exceptoria aquarum.*

3. Les eaux se sont accumulées en masses convexes, de sorte qu'aujourd'hui le centre des mers est plus élevé que les rivages et peut même en certains endroits dépasser les plus hautes montagnes (1). Ps. XXXII, 7 : *Congregans sicut in utre* (mieux *sicut acervum*) *aquas maris.* Cf. LXXVII, 13 ; Jos. III, 13, 16 ; Ex. XV, 8. On conçoit l'illusion pour ceux qui croyaient la terre plate et percevaient la convexité de la mer. Aussi est-ce l'opinion à laquelle se range Saint Thomas (Ia, q. 69 a. 1 ad 2um) : « Mare est altius terra ; ut experimento compertum est in mari Rubro, ut Basilius dicit, hom. IV in hexam. »

4. La dernière hypothèse est diamétralement opposée au présupposé des trois autres : *Les abîmes et la mer se sont creusés, tandis que les continents et les montagnes s'élevaient.* Prov. VIII, 25 (avant de parler du resserrement de la mer, 29) : *Necdum montes gravi mole constiterant; ante colles ego parturiebar.* Ps. CIII, 8 : *Ascendunt montes et descendunt campi in lo-*

(1) Rappelons la vieille explication des sources les plus élevées par le retour souterrain des eaux marines, application curieuse du principe des vases communiquants.

cum quem fundasti eis. Eccli. xxxix, 22, *sicut exceptoria aqua rum*, viendrait ici aussi bien qu'à 2°. De même aussi bien qu'à 3°, Ps. xxxii, 7, complété : *Congregans sicut acervum aquas maris, ponens in thesauris abyssos.* — S. Thomas, qui préfère la 3e hypothèse, regarde celle-ci comme possible, au moins pour le creusement des mers : « Terra potuit aliquas partes præbere concavas, quibus confluentes aquæ reciperentur (Ia, q. 69, a. I, ad 2um). Cornelius à Lapide dit que Rupert la proposa, mais lui, il la rejette. C'est qu'on était imbu de l'idée que le sol avait été formé d'un seul jet tel qu'il est.

Nous ne discuterons pas les textes scripturaires apportés ci-dessus. Ils ne font que refléter les apparences et les concepts populaires, et, par conséquent, on n'en peut rien induire (1). La dernière hypothèse, si en défaveur au Moyen Age, est devenue aujourd'hui la théorie incontestable.

2e œuvre.

Et Dieu dit : Que la terre (produise) de la verdure, des herbes donnant leur semence (selon leur espèce), des arbres a fruit fructifiant selon leur espèce, ayant en eux leur semence sur la terre. Et il fut ainsi.

(Les mots entre parenthèses sont empruntés au récit de l'exécution.)

L'apparition de l'aride et la production des plantes *terrestres* se succèdent dans le même jour comme le moyen et la fin prochaine, comme le principal et un accessoire au moins aussi important que le principal. Les plantes complètent, vêtent et utilisent le sol. Saint Thomas : Ia, q. 69. a. 2 ad 1um.

---

(1) Le Ps. CIII, par exemple, offre aux ỷ 6 et 8 deux assertions en apparence contradictoires. Mais on pourrait expliquer le ỷ 6 : « Les eaux se tiennent sur l'emplacement des *futures* montagnes. » On pourrait inversement entendre le ỷ 8 dans le sens d'un état et non d'un mouvement, comme lorsqu'on dit, sans impliquer la théorie des soulèvements : « Les Alpes *s'élèvent* au nord de l'Italie. »

4e JOUR (℣ 14 à 19).

ET DIEU DIT : QU'IL Y AIT DES LUMINAIRES DANS LE FIRMAMENT (la voûte) DU CIEL, POUR SÉPARER. LE JOUR ET LA NUIT ; ET QU'ILS SOIENT LES SIGNES DES TEMPS, (spécialement) DES JOURS ET DES ANNÉES ; ET QUE CE SOIENT DES LUMINAIRES DANS LE FIRMAMENT DU CIEL POUR ÉCLAIRER LA TERRE... ET DIEU FIT LES DEUX GRANDS LUMINAIRES, LE (plus) GRAND POUR RÉGNER SUR LE JOUR, ET LE (plus) PETIT POUR RÉGNER SUR LA NUIT, ET LES ÉTOILES. ET DIEU LES MIT DANS LE FIRMAMENT DU CIEL POUR...

On voit clairement que les astres sont considérés :

1. Conformément aux *apparences*, pour leur position (dans la voûte du ciel), et pour leur grandeur (deux grands luminaires), les étoiles, malgré leur importance objective, n'étant mentionnées que par une courte apostille ;

2. Dans leur *rapport avec l'utilité de la terre et de ses habitants*, puisqu'ils sont destinés à éclairer la terre, à distinguer le jour, la nuit, les divers temps. Si le soleil est dit plus grand, c'est en éclat plutôt qu'en dimension : « Non tam quantitate quam efficacia et virtute », dit saint Thomas (Ia, q. 70, a. 1 ad 5um).

Ce point de vue est exprimé nettement au Deutéronome (IV, 19) : *Solem et lunam et omnia astra cœli... quæ creavit Dominus Deus tuus in ministerium cunctis gentibus* (1). Ps. CIII, 19 : *Fecit lunam in tempora.*

Il s'agit donc ici, moins de la création des astres, que de l'acte qui les fit apparaître sur la voûte du ciel : *Qu'il y ait dans le firmament... Et il les mit dans le firmament du ciel.* — De cause cachée, le soleil devient cause manifeste du jour. Saint Thomas exprime bien, suivant les conceptions de son temps, ce rapport de l'œuvre du 4e jour avec celle du 1er : « Dicendum, ut Dionysius dicit (*de divinis nominibus*) quod lux (1æ diei) fuit lux solis, sed adhuc informis » (q. 67 a. 4 ad

(1) Tel est du moins le sens de la Vulgate, auquel ne paraît pas répugner l'hébreu *distribuit cunctis gentibus.*

2um). « Substantia luminarium a principio fuit creata ; sed primo erat informis, et nunc formatur, non quidem forma substantiali », (q. 70 a. 1 ad 1um.)

La distinction des jours et des nuits date du 1er jour ; celle des saisons, des années et des mois lunaires, du 4e (q. 70, a. 2 ad 3um).

5e JOUR (℣ 20 à 23).

Et Dieu dit : Que les eaux fourmillent d'animaux, et que les oiseaux volent sur la terre, sur la face de la voûte du ciel. Et Dieu créa les grands dragons, et tous les animaux rampants, dont les eaux fourmillèrent selon leur espèce, et tous les oiseaux suivant leur espèce.

Quels sont les animaux dont parle ici la Bible ? D'où sont sortis les oiseaux ? Quelle est la valeur du mot *tous* ?

1o *Animaux créés au 5e jour.*

Il ne faut point chercher dans la Bible les divisions scientifiques et parfois contraires à la première apparence qui sont aujourd'hui établies dans le règne animal. Mais d'autres considérations peuvent préciser la portée du texte.

1. *Animaux aquatiques* en général : *reptile animæ viventis* (grouillement d'animaux) ; *omnem animam viventem atque motabilem* (tous animaux rampants). — Le texte paraît viser, moins les poissons proprement dits que les reptiles à respiration aérienne. Le mot *dag* (poisson) n'est employé qu'après la création de l'homme (℣ 28) : c'est, il est vrai, dans une énumération qui récapitule les œuvres de Dieu ; mais il pouvait y avoir une raison de ne pas l'employer ici, le besoin par exemple de donner à l'œuvre plus de généralité et d'y comprendre des êtres plus importants. Le mot *reptile* (Vulgate) ne prouverait rien, car il est un redoublement du verbe que nous avons tourné par *fourmiller* et qui pourrait se traduire aussi par *grouiller* (p.-ê. *foisonner*) ; mais, en revanche, le *motabilem* correspond au mot *ramas*, dont le sens est *rampant*, quoique très élargi par l'usage. Surtout, l'expression *nephesh hayyath* (souffle de vie, âme vivante, *animal* avec la portée étymologi-

que) caractérise les êtres supérieurs qui respirent par des poumons. Cf. I, 24 ; II, 7 : Factus est homo in animam viventem.

2. *Les grands dragons : cete grandia.* — Mentionnés au premier rang de la création aquatique, ce seraient de nos jours les baleines et autres cétacés, même les crocodiles, plutôt que les requins ; c'eût été aux temps secondaires les grands reptiles à forme de poissons ou de lézards qui régnaient sur les eaux douces et marines : toujours, on le voit, des animaux à respiration aérienne pulmonaire.

3. *Les oiseaux : volatile.* — Ce sont tous les animaux ailés. Les *chauves-souris* peuvent entrer dans cette catégorie, ainsi que les *ptérodactyles* (reptiles volants) secondaires.

2° *D'où sont sortis les oiseaux ?*

Le récit indique, pour chaque catégorie d'êtres vivants, l'élément d'où elle est tirée : la terre pour les plantes (11,12), les animaux terrestres (24) et même le corps de l'homme (II, 7) ; les eaux pour les reptiles du 3e jour. Il semble donc que les eaux ont produit aussi les volatiles, comme l'exprime la Vulgate après le Chaldéen et les Septante. On peut, en effet, sous-entendre un relatif dans l'hébreu : *et volatilia* (*quæ*) *volant*. Mais le verbe *sharats* (fourmiller, grouiller) comporte peu ce régime, et le ch. II, 19, dit les oiseaux formés de la terre.

Quoiqu'il en soit, on s'est demandé pourquoi les animaux nageants et volants sont réunis dans la même œuvre, malgré leur dissemblance frappante. Cornelius à Lapide invoque une ressemblance réelle, en faisant remarquer que beaucoup d'oiseaux sont aquatiques. La zoologie moderne reconnaît une affinité beaucoup plus sérieuse, fondée sur les caractères anatomiques et embryogéniques, entre les oiseaux et les reptiles. De l'affinité à la simultanéité d'apparition, il n'y a qu'un pas. Dieu n'a sans doute pas voulu révéler la première, mais pourquoi pas la seconde ? (1).

3° *Valeur du mot tous.*

Nous aurions pu traduire légitimement « *toutes sortes de* » ; mais, en accentuant davantage l'idée d'*universalité*, nous fai-

(1) Une autre raison de ce rapprochement (peuplement des eaux et du firmament visés simultanément au 2e jour) sera discutée plus loin, à l'occasion du système concordiste (art. 3e).

sons ressortir une des fins du récit génésiaque : établir que toutes les espèces vivantes viennent de Dieu. Nous verrons ailleurs les raisons de ne pas renfermer rigoureusement chaque catégorie dans le jour qui lui est assigné.

6me JOUR (ỷ 24 à 31).

ET DIEU DIT : QUE LA TERRE PRODUISE DES ANIMAUX SELON LEUR ESPÈCE, BESTIAUX, REPTILES, ET BÊTES SAUVAGES, SELON LEUR ESPÈCE. ET IL FUT AINSI : ET DIEU FIT LES BÊTES SAUVAGES SELON LEUR ESPÈCE, ET LES BESTIAUX SELON LEUR ESPÈCE, ET TOUT CE QUI RAMPE SUR LE SOL SELON SON ESPÈCE.

Ici encore, aucune prétention de classification scientifique. Les expressions même sont vagues et par suite difficiles à traduire avec précision. Ce sont les bêtes des champs, c'est-à-dire sauvages, généralement féroces, les gros herbivores, domestiqués depuis, enfin tous les petits animaux, qui, à cause de leur faible taille, paraissent ramper, dans un sens large. L'important, c'est qu'il s'agit d'*animaux terrestres*. Ajoutons qu'ici, pas plus qu'auparavant, l'écrivain sacré ne paraît se préoccuper des êtres inférieurs minuscules, soit mollusques, insectes, etc.

ET DIEU DIT : FAISONS L'HOMME A NOTRE IMAGE ET RESSEMBLANCE, ET QU'ILS DOMINENT SUR LES POISSONS DE LA MER, ET SUR LES OISEAUX DU CIEL, ET SUR LES GROS ANIMAUX, ET SUR TOUTE LA TERRE ET SUR TOUT REPTILE RAMPANT SUR LA TERRE. ET DIEU CRÉA L'HOMME A SON IMAGE, A L'IMAGE DE DIEU IL LE CRÉA ; DES DEUX SEXES IL LES CRÉA.....

La création de l'homme et de la femme appartient au 6e jour, parce qu'ils font partie de la population terrestre ; mais elle couronne, comme leur fin, toutes les œuvres précédentes.

7e JOUR (Ch. II, ŷ 1, 2, 3).

(Ainsi) furent achevés le ciel et la terre et tout leur ornement. Et Dieu eut achevé son œuvre le septième jour. Et il se reposa le septième jour de toute son œuvre. Et Dieu bénit le septième jour et il le sanctifia, parce qu'il s'y reposa de toute l'œuvre de sa création.

Il le bénit et le sanctifia, c'est-à-dire *il le consacra à son culte* : Saint Thomas (q. 73, a. 3).

---

§ 3e. — **Nature des jours.**

Chaque jour, sauf le 7e, est clos par la formule suivante : Et le soir fut, et le matin fut : premier (deuxième..... sixième) jour.

I. Question préalable : le soir et le matin.

Quel est le sens de l'expression : *Et le soir fut, et le matin fut ..?*

1. Plusieurs l'entendent ainsi : *Il y eut un soir, il y eut un matin, (ils composèrent) le deuxième. .. jour.* — On fait observer que les Hébreux commençaient le jour légal le soir. Daniel (viii, 4) paraît même employer l'expression soir-matin comme synonyme de *jour* : ce serait en mémoire des jours de la création. D'ailleurs, le 1er jour commença par les ténèbres, et ceux qui donnent un sens figuré aux jours aiment à voir l'aurore de chaque œuvre précédée par la confusion comme par une sorte de nuit.

Il est difficile cependant de concevoir, au commencement du premier jour, un soir qu'aucun jour n'aurait précédé ; et l'on n'aurait pas de soir au commencement du septième.

2. Il est plus naturel de traduire : *Le soir se fit, puis le matin (du jour suivant), et le deuxième.... jour (fut achevé).* — Saint Augustin (de Genesi, l. I, c. X, 18, 21) : « Videtur illud opus Dei factum per spatium diei, quo peracto ad vesperam ventum est... itemque, peracto nocturno spatio, completus est totus dies, ut mane fieret in « alterum diem. » Saint Chrysostome (hom. V in Genesi) cité par Saint Thomas (q. 74,a. 3, ad 6um) : « Dies naturalis non terminatur in vespere, sed in mane. » Par exemple, l'œuvre du 4e jour s'étendit sans doute à la nuit suivante, où purent apparaître la lune et les étoiles.

Ceci posé, on doit se demander quelle est la valeur des jours génésiaques, soit dans la réalité objective, soit dans la forme sous laquelle ils furent proposés ou révélés.

II. Valeur objective des jours

Trois opinions, suivant que l'on prend les jours dans le sens propre, ou dans un sens figuré historique, ou dans un sens figuré idéal.

1° *Sens propre.*

Ce sont des **jours naturels**, tant par leur caractère physique que par leur durée. Le jour est donc composé, primairement du temps où le soleil éclaire (*il appela la lumière jour*), et accessoirement de la nuit, qui en complète la durée chronologique : en tout vingt-quatre heures.

C'est le sens obvie. Il est confirmé par cette circonstance que la semaine divine est donnée comme modèle de la semaine humaine. Il ne faut donc pas l'abandonner sans nécessité (1).

2° *Sens figuré historique.*

Les jours figurent des **périodes indéterminées,** *qui peuvent être très longues.* Cette interprétation conserve l'idée

(1) Quelques-uns ont voulu, par esprit de conciliation avec la géologie, que ces jours fussent séparés les uns des autres par de grands espaces de temps. Mais cela est contraire, d'abord à la géologie elle-même, qui n'admet pas (comme nous le verrons) des œuvres instantanées intermittentes ; ensuite (et c'est la question actuelle) au contexte même. Cette explication, en effet, contredit le sens vrai de l'expression « *le soir se fit et le matin se fit* », la notion de semaine, qui exige des jours consécutifs, et l'absence de repos divin avant le 7e jour.

de temps successifs ; mais elle néglige la durée usuelle de 24 heures et, presque inévitablement (comme nous allons le voir), l'idée de l'alternance de la lumière et des ténèbres. A peu près inconnue aux Pères, elle a été suggérée par la géologie.

Pourrait-on lui chercher un appui dans les cosmogonies chaldéenne (Bérose, textes Ninivites) et persane (Zend-Avesta), en les considérant comme des échos du sens traditionnel primitif ? L'Ecriture Sainte, de son côté, ne lui fournit, à première vue, que des arguments bien faibles, qu'on peut appeler permissifs ou négatifs ; un examen plus attentif nous y fera découvrir des arguments positifs.

1. *Arguments permissifs ou négatifs.* Il y en a deux principaux : on évoque un second *sens, presque propre,* des mots *iòm* (jour), *êreb* (soir) et *bòqer* (matin) ; ou bien on justifie l'emploi de ces mots dans un *sens figuré ou symbolique extraordinaire.*

Sens presque propre. — Le mot *iòm* pouvait signifier d'une manière générale, *période de temps* : car on ne trouve pas, dans toute la Bible, d'autre mot pour exprimer cette idée, et maint passage justifie ce sens (tout près même de notre récit, Gen. II, 4). — Nous ne contesterons pas l'absence, dans l'hébreu, d'un mot signifiant proprement *période* (quoique le chaldéen de Daniel, IV, 13... VII, 25, emploie dans ce sens le mot *iddan*, identique à l'hébreu *èth, tempus*) ; mais nous ferons remarquer que les locutions où *iòm* a un sens vague sont des formules conjonctives ou adverbiales, *au jour que, en ce jour-là*, analogues à notre *lorsque* (à l'heure que), *alors* (à cette heure), ce qui n'est point notre cas. — Quant aux mots *èreb* et *bòqer*, ils n'ont nulle part le sens, prétendu étymologique, de *confusion* et d'*ordre* (1).

Il faut donc recourir à une *figure extraordinaire*, et la justifier. — De longues périodes de temps auront été appelées jours, soit par ce qu'elles étaient formées *d'alternatives de lumière et de ténèbres*, soit à raison d'*alternatives d'organisation et de confusion,* soit simplement en vue de l'*institution du repos sabbatique.* — Le *premier système* se rapproche autant

(1) Il est probable qu'étymologiquement, *iòm* veut dire *chaleur* (du jour) ; *èreb*, *coucher, occasus* (et non mélange) ; *bòqer*, *ouverture* (du jour),

que possible du sens propre ; mais il n'est concevable que pour les trois premiers jours, et encore faut-il supposer des jourset des nuits différentes des nôtres dans leur cause (1), ce qui n'est pas approuvé par S. Thomas (q.67, a. 4, ad 2um) comme nous l'avons dit en expliquant l'œuvre du 1er jour : « Scriptura in principio Genesis commemorat institutionem naturæ, quœ postmodum perseverat : unde non debet dici quod aliquid tunc factum fuerit, quod postmodum esse desierit. » — Le *second* système suppose, entre les œuvres, des crises de trouble et de ruine, qui ne sont conciliables, ni avec la marche assurée de l'action divine, ni avec les connaissances géologiques (2). — Le *troisième* nous paraît *suffisant et plausible.* En effet, quel qu'ait été le mode jugé par Dieu le plus convenable pour accomplir son œuvre, il l'aura présentée sous une forme accessible à l'imagination populaire : un temps pour chaque œuvre, et ce temps résumé dans un jour. Ainsi l'exigeait d'ailleurs la *leçon de travail et de repos* qu'il nous en voulait faire tirer. Les jours du travail divin se ressentent de l'éternité (*apud Dominum mille anni sicut dies unus,* II Petr. III, 8) ; le travail de l'homme, au contraire, doit répéter souvent en raccourci celui de Dieu, comme son repos celui de Dieu. A tort donc on allègue le parallélime (Ex. XX, 8, 9, 11) : ce parallélisme prouve, non que les œuvres de l'hexaméron ont été de 24 heures, mais qu'il y avait une raison grave de les représenter comme des jours. Bossuet (Ve élévation de la 3e semaine) : « Dieu, après avoir fait d'abord comme le fond du monde, en a voulu faire l'ornement avec *six différents progrès qu'il a voulu appeler six jours.* »

2. *Arguments positifs.* — Nous les tirons de la nature des œuvres, de l'accumulation des faits dans le 6e jour, des caractères du 7e jour, de l'idée générale que la Bible nous donne des opérations divines.

(1) Cette cause aurait été, soit une lumière électrique (ou autre) régnant sur tout le globe simultanément et suivie de ténèbres également universelles, soit la lumière du soleil éclairant toujours quelque point de la terre pendant une période de lumière et voilée pendant l'intervalle des ténèbres. Ces hypothèses scientifiques ont toujours été gratuites et manquent aujourd'hui de vraisemblance géologique.

(2) Il a fallu, en effet, abandonner les catastrophes générales, telles que les entendait Cuvier dans ses *Révolutions du Globe.*

Nature des œuvres. — La Genèse nous présente une série de phénomènes physiques ; or le développement de plusieurs a exigé un temps considérable ; donc les jours, d'après le contexte, sont des périodes — *Majeure* : *La Genèse nous présente une série de phénomènes physiques.* En effet, l'organisation du monde par de tels phénomènes explique seule pourquoi Dieu y a employé du temps. L'instantanéité de l'œuvre de chaque jour rendrait illogique tout intervalle de temps entre les œuvres et même leur succession réelle. Comment concevoir, par exemple, la terre créée d'abord couverte d'eau, pour être quelques moments après débarrassée de ces eaux par un coup de toute-puissance (1). — *Mineure* : Le développement de plusieurs de ces phénomènes a exigé un temps considérable, non seulement d'après les sciences, mais encore d'après les analogies bibliques. Ainsi les deux œuvres du 3me jour. D'abord la *séparation de la terre et des mers*, de laquelle on peut rapprocher le passage de la mer Rouge et la retraite des eaux du déluge. Dans le premier cas, il faut toute une nuit d'un vent violent pour rendre praticable aux piétons le lit d'un simple bras de mer. Dans le second cas, il faut plus d'un mois d'attente. On voit que, dans ces deux faits, Dieu emploie le plus possible les causes secondes et leur laisse le temps d'agir. Pour opérer leur retraite en une heure, il aurait fallu aux eaux du chaos primitif une vitesse d'un kilom. à la seconde, capable de tout raser. La *préparation du sol émergé à la réception des plantes* exigeait un long arrosement pour le débarrasser des sels marins. Le ch. II ỷ 6 parait se rapporter à cette préparation : « *Une vapeur s'élevait de la terre et arrosait toute la face de la terre.* »

(1) Le *dixit et facta sunt*, du Ps. XXXII, 9, ne doit pas arrêter en faveur de l'instantanéité : S. Grégoire de Nysse cité par Landriot (Christ de la Tradition, tom. II, 524) : « Nous expliquerons convenablement cette parole *Dieu dit*, qui est une parole de commandement, si nous l'entendons du principe de développement harmonique qui se trouve dans la création ». Inversement, dans l'hexaméron, le *fecit* succédant au *dixit* ne prouverait rien contre, comme l'observe S. Thomas (q. 74, a. 3, ad 5) : « Dieu fit lui-même ce qu'il commandait et en le commandant. » Au fond le *dixit* n'est qu'une figure exprimant le décret éternel ou la volonté opérative de Dieu, ou bien, comme nous le dirons plus loin (III), il appartient à la forme de vision, dans laquelle Dieu est mis en scène, parlant, puis agissant, ce qui ne préjuge absolument rien sur la réalité des choses.

Accumulation des faits dans le 6me jour. — On doit d'abord remarquer que, d'après le sens obvie du ch. 1 ℣ 27 « *masculum et feminam creavit eos* », la femme a été formée le 6me jour : les affirmations contraires de Saint Thomas (q. 73, a. 1, ad 3um) et de Cornelius à Lapide supposent ce qui est en question, l'instantanéité ou la très courte durée des œuvres. Il faudrait donc, en s'en tenant au sens obvie, renfermer dans l'espace de quelques heures tous les événements qui font l'objet du ch. II, ℣ 7 à 24, c'est-à-dire la création des animaux terrestres, celle d'Adam, sa translation dans le paradis, son assujettissement à un précepte positif et les autres premières leçons de Dieu, la prolongation de sa solitude, suffisante pour la lui faire sentir, la revue que Dieu lui fait faire des animaux pour les nommer et la constatation de l'absence d'un aide semblable à lui, son sommeil mystérieux et la formation de la femme. Y a-t-il à cela une probabilité morale ?

Caractère du 7me jour. — « *Dies septimus sine vespera est, nec habet occasum* » remarque Saint Augustin (Confess. XIII, 36). Et d'ailleurs, comment le repos de Dieu après la création se renfermerait-il dans un jour ordinaire ? Si donc le 7me jour n'est pas un jour ordinaire, pourquoi les autres le seraient-ils ?

Idée générale que la Bible nous donne des opérations divines. — L'Ecriture nous montre les œuvres de Dieu faites avec *poids, nombre* et *mesure* (Sap. XI, 21, et le contexte), non seulement dans leurs raisons, mais encore dans leur mode, et généralement par l'emploi d'un temps proportionné. En aurait-il été autrement pour l'organisation du monde ? La description faite par la Sagesse créatrice au livre des Proverbes (VIII, 22 à 31) n'éveille-t-elle pas l'idée d'un temps considérable ? De même le Ps. LXXXIX, 2, 4 : « Priusquam montes fierent, ant formaretur terra et orbis, *a sæculo et usque in sæculum* tu es Deus..... Quoniam *mille anni ante oculos tuos tanquam dies hesterna quæ præteriit.* »

Concluons. — L'ignorance des faits géologiques, faisant méconnaître aux Pères le développement naturel des œuvres, les amena au concept de l'instantanéité fragmentée, concept recueilli par S. Thomas, par Cornelius à Lapide. Mais S. Augustin était plus logique en adoptant l'instantanéité absolue avec le sens idéal, à la suite de l'école allégorique d'Alexandrie. « L'école d'Alexandrie, dit l'abbé Motais (1) n'enseignait en réalité qu'une chose, l'impuissance du jour de 24 heures pour expliquer Moïse ; et l'école littérale, partie de la théorie des jours ordinaires, aboutissait équivalamment, dès le IVe siècle, à leur négation, et expressément à la création par développement naturel, progressif, exactement à la façon de l'école moderne. C'est à quoi est amené S. Thomas, lorsque, pour maintenir les jours naturels, il rejette les évolutions à une époque postérieure : « Quædam præextiterunt materialiter, sicut quod Deus de costa Adæ formavit mulierem ; quædam vero... etiam causaliter (q. 73, a. I, ad 3um). »

3° *Sens figuré idéal.*

Les jours sont de purs symboles, destinés à classer les œuvres de Dieu dans un ordre logique, sans viser aucune succession réelle.

Ce système d'interprétation est double dans sa formule et dans sa preuve scripturaire (2), suivant que l'on considère la conception de *S. Augustin* ou celle des *Modernes.*

1. *S. Augustin.* — Il développe (de Gen. ad litteram l. IV et V) la thèse déjà proposée par Philon (Allegor. l. I) : *Les six jours ne sont que l'unique jour d'une création instantanée, rappelée six fois selon la distinction logique des œuvres et l'ordre idéal de leur connexion.* L. V, c. v, 12 : « non intervallo temporum, sed connexione causarum ; » 15 : « non per moras temporum, sed propter ordinem conditorum. » Cf. l. IV, c. I, 1; XXXVI, 43 ; XXXV, 56. Le 7e jour est le repos éternel de Dieu dans la conservation de ses œuvres (IV, cap. XVIII, 32, 33). Le ch. II ℣ 5 à 19 raconte l'évolution, en un temps indéterminé, de la création faite en germe dans l'unique jour.

La preuve scripturaire de l'unique jour se trouve dans deux textes. Eccli. XVIII, 1 : *Creavit omnia* **simul** ; Gen. II, 4 : *Istæ sunt generationes cœli et terræ* **in die quo** *fecit Dominus cœlum et terram.* Mais *simul* veut dire probablement *universellement, sans exception,* et nous avons déjà fait remarquer le sens indéterminé de l'expression *in die quo, alors que.*

Pour le 7e jour, S. Augustin invoque l'absence du soir. Cette

(1) Controverse, janvier 1884.

(2) La seule dont nous ayons à nous occuper pour le moment.

raison est bonne ; mais nous avons vu qu'elle milite aussi pour les périodes.

Quant au récit du ch. II, on n'y voit aujourd'hui qu'une répétition détaillée de quelques œuvres de l'hexaméron, celles qui intéressaient particulièrement l'histoire de l'homme, et l'on regarde comme l'annonce de cette répétition le titre : *Istæ sunt generationes cœli et terræ.... Voici l'histoire du monde...*

Les raisons scripturaires de S. Augustin ne sont donc pas solides. Il hésite d'ailleurs lui-même sur la valeur de son système (1). S. Thomas cependant ne l'a pas improuvé ; Cajetan et Melchior Cano l'ont défendu.

2. *Les Modernes.* — Le Dr Schœfer, de Münster (2), Mgr Clifford, évêque de Clifton (3), suivis de beaucoup d'autres, ont rajeuni l'exégèse de S. Augustin, en la débarrassant de toute hypothèse sur la durée objective de l'œuvre de la création. — Suivant eux *l'hexaméron est une composition liturgique destinée à rattacher aux jours de la semaine les diverses œuvres de Dieu, sans prétention chronologique*, pour donner au repos du sabbat un motif d'adoration, de louange et de reconnaissance.

Deux raisons militent en faveur de cette thèse. — 1° Le rap-

(1) « Quisquis non eam, quam pro nostro modulo vel indagare vel putare potuimus, sed aliam requirit in illorum dierum enumeratione sententiam, quæ non in *prophetia figurate*, sed in hac creaturarum conditione *proprie meliusque* possit intelligi, quærat et divinitùs adjutus inveniat. Fieri enim potest ut et ego et aliam his Divinæ Scripturæ verbis congruentiam fortassis inveniam. Neque enim ità hanc confirmo, ut aliam quæ proponenda sit inveniri non posse contendam » *De Gen.*, l. IV, c. XXVIII). Il dit de cet ouvrage dans ses *Rétractations* (c. 24) : « In quo opere plura quæsita quam inventa sunt, pauciora firmata ; cœtera vero ita posita velut adhuc requirenda sint. » Enfin, dans le De cathechizandis rudibus (c. 7, n° 28), il paraît avoir recours à l'explication vulgaire : « De quâ requie significat Scriptura et non tacet, quod ab initio mundi, ex quo fecit Deus cœlum et terram et omnia quæ in eis sunt, sex dies operatus est et septimo die requievit. Poterat enim Omnipotens et uno momento temporis omnia facere. Non autem laboraverat, ut requiesceret, quando *dixit et facta sunt, mandavit et creata sunt* ; sed ut significaret quia, post sex ætates mundi hujus, septimâ ætate tamquam septimo die requieturus est in sanctis suis. » Il nous est pourtant difficile de voir dans ces dernières paroles, où les jours sont donnés comme figure des âges du monde, une rétractation formelle de son ancienne opinion et surtout l'adoption du sens propre.

(2) *La Bible et la Science*, analyse par M. de Foville dans la *Revue des Quest. Scient*, (1882, 1883).

(3) Opuscule analysé dans la *Revue des Quest. Scient.* (avril 1884).

port de la semaine divine avec la semaine humaine, du sabbat divin et du sabbat humain est l'objectif évident de l'écrivain sacré (Gen. II, 1-3 ; Ex. XX, 11), et cela suffit pour justifier un tableau à apparence chronologique, sans qu'il soit nécessaire d'en admettre la portée vraiment historique. C'est là une raison purement négative : il faudrait d'ailleurs prouver que le rapport des deux semaines est l'*unique* objectif du récit. 2° Une raison positive, c'est que les œuvres de Dieu sont disposées d'une manière toute artificielle et systématique. Voici cette symétrie de l'hexaméron (S. Th., Iª, q. 70, a. 1 ; q. 74, a. 1).

Œuvres de distinction.	*Œuvres d'ornementation.*
1er jour : *Jour* et *Nuit.*	4e jour : *Soleil* et *lune.*
2e — Eaux des *mers* et eaux du *firmament.*	5e — *Poissons* et *oiseaux du Ciel.*
3e — *Terre* séparée de la mer.	6e — *Animaux terrestres.*

Remarquons cependant que la création des plantes au 3e jour vient déranger un peu la symétrie : elles auraient mieux été placées au 6e, car, c'est une véritable œuvre d'ornementation (q. 69, a. 2, obj. 1), quelque ingénieuse que soit l'explication de saint Thomas pour en faire le simple complément d'une œuvre de distinction (même art. corp. et ad 1um). La mise en relief d'une symétrie quelconque suffit-elle pour enlever au récit mosaïque sa valeur historique, telle qu'elle ressort d'un ensemble de caractères : style simple de la prose narrative, annonce générale de la création et description du chaos qui appelle une organisation progressive, reprise (au ch. II) de certains détails ?

III. Les jours dans la forme de la révélation.

Dès qu'on écarte le sens propre pour les jours objectifs de création, on se trouve en présence d'une *double difficulté* : 1° Comment expliquer, dans le premier jour, le *passage du sens propre au sens figuré ?* 2° *Comment la première semaine humaine de jours ordinaires se lie-t-elle à la grande semaine des œuvres divines ?*

1. *Passage du sens propre au sens figuré.* Après avoir décrit

l'œuvre par laquelle Dieu établit sur la terre la distinction du jour et de la nuit, œuvre dans laquelle il faut tout prendre au sens propre, l'écrivain sacré mentionne le déclin du 1er jour et l'aurore du 2e. Il semble difficile d'exprimer plus nettement que le jour qui vient de s'écouler est le premier de ces jours naturels dont il est dit : « Il appela la lumière *jour.* »

On pourrait répondre d'abord qu'il n'y a pas synonymie parfaite. C'est la lumière qui est appelée jour, tandis que le premier jour est un temps composé d'une phase lumineuse et d'une phase ténébreuse ; Moïse passe du concept de lumière à celui de temps.

On pourrait faire remarquer encore que, dans les révélations prophétiques, le passage sans avertissement d'un sens à un autre est très commun. Or le récit de la création regarde un passé aussi impossible à connaître naturellement que l'avenir et peut par conséquent avoir l'allure d'une révélation prophétique.

Mais une explication plus simple se trouve dans la *forme de la révélation.* L'hexaméron a les couleurs vivantes d'une *vision :* Dieu parle, nomme ses ouvrages, les approuve ; l'auteur du récit (le premier homme peut-être) n'a pas reçu une froide instruction, il a vu. C'est l'opinion de Kurtz, illustrée récemment par le P. Hummelauer (1). Dans ces conditions, on doit distinguer le fond des choses et la vision qui les représente. Quels que soient les jours dans le fond des choses, ce sont, *dans la vision*, des *jours naturels*, où Dieu a accommodé son œuvre à l'intelligence des simples et au but liturgique qu'il se proposait : « Ut neque illi qui nundum queunt intelligere quomodo creat Deus, tanquam excedentia vires suas dicta recusarent », dit saint Augustin (Confess. l. XII, c. 26, 27.)

2. *Connexion des semaines. — Avec la vision*, la connexion se fait très simplement quant aux apparences : *au jour du repos divin succède la première semaine du travail humain.*

Pour le fond des choses, il n'est pas nécessaire ni même possible que la semaine humaine fasse suite à la grande semaine divine dont elle n'est que le mémorial indéfiniment répété. Le vrai repos de Dieu est éternel. Par rapport à l'œuvre de la création proprement dite, le 7me jour commence au lendemain

(1) Hummelauer, dans la *Revue Biblique*, 12 avril 1902, p. 323.

de la création de l'homme : Dieu ne fait plus que conserver. Nous aimerions mieux dire que le 6me jour se continue encore par une œuvre plus excellente, celle de la rédemption et de la sanctification des hommes : il comprendrait ainsi tout le temps présent, où nous travaillons avec Dieu à sa dernière œuvre. Saint Paul (Hébr. III, 13) nous exhorte à travailler « *donec* **hodie** *cognominatur.* » Saint Augustin dit du 7me jour (Confess. l. XIII, 36) : « Sanctificasti eum ad permansionem sempiternam ; ut... et nos post opera nostra... sabbato vitæ æternæ requiescamus in te » ; et encore (De catech. rudibus, c. 7 n° 28) : « Ut significaret quia post sex ætates mundi hujus septima ætate tanquam *septimo die requieturus est in sanctis suis.* » Substituons seulement aux six âges du monde les six grandes périodes de l'œuvre divine : le jour de l'éternité, après la consommation des temps et le jugement, serait le vrai jour du Seigneur, le jour du repos de Dieu dans son œuvre consommée et de notre repos en Dieu : « *Si introibunt in requiem meam* » (Hebr. III, 11) ; « *Itaque relinquitur sabbatismus populo Dei* » (Hebr. V. 9).

ARTICLE TROISIÈME

CONCILIATION DE LA GÉOLOGIE AVEC LE RÉCIT BIBLIQUE DE LA CRÉATION

In necessariis unitas, in dubiis libertas, in omnibus caritas.

(*S. Augustin.*)

TABLEAU SYNOPTIQUE

L'hypothèse nébulaire, confrontation	§ 1er	avec le dogme de la création	I
		avec le récit de l'œuvre divine	II
La Géologie et l'œuvre des six jours	§ 2e	Système post-hexamérique	I
		— anté-hexamérique	II
		— des jours-périodes	III
		— de l'ordre idéal	IV
		Appréciation générale	V

§ 1er. — L'hypothèse nébulaire : confrontation.

I. Avec le dogme de la création.

1. L'*hypothèse nébulaire* (Laplace et Faye) *n'ôte rien au dogme de la création ex nihilo* formulé par le 1er ỳ de la Genèse, *ni à la toute-puissance divine* nécessaire pour cette création. — En effet, la création de la matière, avec ses lois générales et les propriétés spécifiques de ses éléments ; l'inégale distribution de cette matière dans l'espace, nécessaire pour amener sa concentration en globes de masses et de distances variées ; le mouvement tournant, dont l'origine première ne paraît se rattacher à aucune loi mécanique : voilà au moins trois grands faits qui relèvent immédiatement d'une volonté toute-puissante et libre.

2. *Elle donne une haute idée de la Sagesse ordonnatrice.* — Les mondes sortent de leurs germes par une évolution prévue et voulue dans tous les détails. Les lois y ont mis l'ordre et l'unité ; les déterminations particulières y ont produit la variété des formes et des rôles. Le système solaire reçoit de ses conditions spéciales de formation ces mouvements presque circulaires autour d'un astre prépondérant, qui, le rendant stable, permettent à la terre de recevoir un spectateur capable d'admirer tant de merveilles et d'en rapporter la gloire au Créateur.

3. Enfin, comme le fait remarquer M. de Lapparent, *elle évite de couper arbitrairement les deux bouts de l'œuvre divine*, le bout des origines où nous voyons le monde dans l'état le plus rudimentaire, tel que l'enchaînement des phénomènes nous y fait naturellement remonter, le bout de la consommation finale, plus enveloppé encore de mystères et auquel nous reviendrons à la fin de ces études.

II. Avec le récit de l'œuvre divine.

Cette hypothèse comprend : 1° le *principe général* que la matière était à l'origine dans un état de confusion, comme le dit Ovide, écho des traditions antiques : « Unus erat toto naturæ vultus in orbe » : 2° la *conception particulière* que Kant, Herschell, Laplace, Faye, etc, se sont faite, de nos jours, de cet état originaire et des phases par lesquelles le monde en est sorti.

1. Le *principe général* se retrouve dans le ℣ 2, où l'Ecriture décrit l'état chaotique dans lequel se trouvait le monde entre la création (1) et l'organisation (*hexaméron*). Cette description répond, il est vrai, à l'état de la terre au début des périodes géologiques et après les évolutions nébulaires ; mais l'analogie conduit à penser que la Bible sous-entend des œuvres d'organisation antérieures à l'hexaméron, regardant l'univers

(1) Voir Controverse du 1er février 1883, encore St Augustin (Confess. XII). Ce Père est porté, par des vues philosophiques, comme nous le verrons en traitant de nouveau son système idéaliste, à admettre une première organisation venue d'un seul jet avec la création ; et le passage que nous venons de citer de lui peut bien s'entendre de la *matière première* d'Aristote, qui n'a point, qui n'a même pu précéder les *formes substantielles* dans le temps.

entier, moins faciles à comprendre et beaucoup moins utiles à connaître pour la masse des fidèles. La *Sagesse* (XI, 18) dit d'ailleurs : *Omnipotens manus tua, quæ creavit orbem terrarum ex materia invisa* (ἐξ ἀμόρφου ὕλης). S. Augustin parait commenter ce texte (De Genesi I, 5) : « Prima materia facta est confusa et informis, unde omnia fierent quæ distincta atque formata sunt. » Le chaos primitif était plus ou moins entrevu et accepté par les Pères et les docteurs, malgré un courant contraire d'origine purement philosophique (1).

2. La *conception particulière*, née de la physique moderne, doit se contenter de n'être en rien contredite par l'Ecriture et la tradition. Spécialement, l'état igné de la terre avant les formations cristallines de sa première croûte n'est pas contraire au chaos du ỳ 2 et à la genèse aqueuse du 3e jour, si, comme nous le montrerons, ces détails bibliques répondent à des faits géologiques plus récents.

§ 2e. — La géologie et l'œuvre des six jours.

Quatre systèmes de conciliation ont été proposés. Les deux premiers respectent le sens propre et obvie du mot jour, les deux autres réclament le sens figuré.

Le Ier place les périodes géologiques après les six jours de la création : **système post-hexamérique ou post-adamique**.

Le IIme les place avant le chaos du ỳ 2 et par conséquent avant les six jours : **système anté-hexamérique**, appelé aussi **de Buckland** du nom de l'évêque anglican qui l'a proposé.

Le IIIme, adoptant le sens figuré historique, maintient l'identité entre les périodes géologiques et les six jours : **système concordiste ou des jours-périodes**.

Le IVme adopte le sens figuré idéal, afin de supprimer tout conflit entre l'hexaméron et les sciences naturelles au su-

(1) Voir 1re partie, art. 2e, § 2e.

jet de la date et de la durée des phénomènes : **système moderne de l'ordre idéal.**

Nous exposerons aussi sous ce IV le *système idéal de S. Augustin* ; mais nous verrons qu'il visait des difficultés de toute autre nature et que, géologiquement, son système serait plutôt aujourd'hui une *nuance du système post-hexamérique.*

I. Système post-hexamérique.

1° *Exposé.*

On considère toutes les formations géologiques comme des modifications secondaires du globe, postérieures à sa première organisation en six jours de 24 heures et contemporaines de l'histoire humaine.

Elles sont les témoins, ou du grand déluge historique, qui aurait mêlé les dépouilles des animaux marins aux produits d'une immense dénudation, ou plutôt du travail incessant opéré depuis la création de l'homme par les agents naturels, violents ou tranquillés, dont le déluge n'est qu'une épisode grandiose.

2° *Avantages.*

Ce système prétendait rendre l'interprétation de l'œuvre des six jours, considérée comme la première institution de la nature, indépendante des données scientifiques certaines : il rejette en effet cette œuvre dans un passé pour lequel la science, n'a, disait-on, que des hypothèses cosmogoniques mal assises.

3° *Difficultés.*

Il n'explique pas sérieusement les formations sédimentaires, ni les faits qu'il réserve pour les six jours : *voilà deux objections géologiques.* Il se heurte de plus à *une objection astronomique,* déjà soulevée par S. Augustin.

1. *Objection géologique à l'origine postadamique des sédiments.* — L'*Explication diluvienne* a été abandonnée dès que la géologie stratigraphique eût éclairé la question (1). L'épaisseur énorme des dépôts exige de longues érosions ; les couches nombreuses et régulières distinguées par leurs fossiles exigent une longue série de faunes ; les discordances de

(1) Voir 1re partie, art. 2e, § 2e, I, 1o.

stratification exigent des soulèvements successifs séparant autant de périodes de dépôts. — L'*explication par la sédimentation contemporaine de toute l'histoire humaine* rendrait bien compte d'une certaine succession de couches ; mais elle se brise à trois difficultés. 1° *Longue durée des époques géologiques.* L'ère dite quaternaire, si insignifiante par rapport aux précédentes, exige pourtant à elle seule un cadre au moins égal à celui de la chronologie biblique toute entière. 2° *Antériorité des faunes et flores fossiles à l'ère humaine.* Les espèces des couches les plus anciennes sont toutes éteintes, même celles qui habitaient la mer, où les conditions de vie sont si constantes ; les espèces qui entourent l'homme actuellement, aussi bien que l'homme lui-même, manquent dans les dépôts inférieurs. Le premier fait est de tous points inintelligible, si tous les êtres vivants sont, à deux ou trois jours près, du même âge. On a tenté d'expliquer le second en généralisant la théorie paléontologique des *migrations.* On a donc dit que le lieu de la création fut l'Asie, et que les espèces ont pénétré en Europe et en Amérique à mesure que ces contrées devenaient propres à les recevoir, à commencer par les espèces inférieures, qui sont les moins difficiles pour les conditions d'existence. Mais la végétation houillère dénote un état atmosphérique qui devait rendre le *globe entier inhabitable* pour l'homme et les animaux supérieurs ; certaines espèces animales constituent des *groupes autochtones* (c'est-à-dire strictement indigènes) qui auraient dû être créés en Amérique, en Afrique, en Australie, postérieurement à l'homme ; pour les *faunes marines*, l'inhabitabilité en dehors du centre asiatique, n'a aucune vraisemblance ; enfin, ce *centre asiatique*, partout où il a commencé d'être fouillé, *présente des successions de couches fossilifères antérieures à l'homme* (1). 3° *Ancienneté historique des montagnes géologiquement les plus récentes.* L'Asie possède les plus hautes montagnes. Elles sont formées comme les nôtres par voie de soulèvement et elles ont porté à toutes

(1) La vallée du Tigre et de l'Euphrate est entourée de collines miocènes ; la haute Mésopotamie et une partie de l'Arménie sont de formation secondaire ; le Pundjab est rapporté au Trias Alpin. — Rien n'autorise d'ailleurs, dans ce système, à restreindre à un coin de l'Asie l'émersion des premières terres et leur peuplement de plantes et d'animaux.

hauteurs des sédiments marins de tous âges. L'Himalaya a relevé des strates pliocènes, peut-être même quaternaires; sa dernière phase de soulèvement clôt donc les temps géologiques. Si tous ces temps sont compris dans l'histoire, le soulèvement himalayen est nécessairement tout récent. Cependant ni l'histoire, ni les traditions hindoues n'y font allusion ; au contraire, les souvenirs et la cosmogonie de ces peuples virent dans les montagnes du nord un relief primordial.

2. *Objection géologique à la première organisation en six jours naturels.* — Nous avons vu à l'art. 2e (§ 3e) que la nature même des œuvres décrites par la Bible ne permet guère de les renfermer dans un court espace de temps, qui équivaut à l'instantanéité. Constatons maintenant avec la géologie que cette première organisation n'a pas existé. Le fait saillant de l'hexaméron, en effet, au point de vue géologique, est l'émersion des continents avant toute création organique, au commencement du 3e jour. Or les reliefs azoïques primitivement émergés sont une faible partie des continents. Ils portent d'ailleurs eux-mêmes la preuve de leur formation par des mouvements de plissement ou de bascule qui n'avaient rien d'instantané : les montagnes, les plateaux absolument primitifs n'existent pas. Rien n'autorise, en un mot, même pour celui qui n'admettrait pas l'évolution nébulaire, à placer au début des ères géologiques, une série de phénomènes instantanés en contraste avec tout ce qui s'est produit depuis.

3. *Objection astronomique.* — Saint Augustin la formule ainsi : « Numquidnam in parte aliquà posituri sumus Deum ubi ei vespera fieret, quùm ab ea parte in aliam partem lux abscederit. » (de Gen. ad litt. l. I, c. X, 21). La division du temps en jours et en nuits est en effet relative au méridien de l'habitant et n'a point de réalité pour l'ensemble du globe : le jour et la nuit s'y promènent sans fin, sans coupe naturelle. Il faudrait donc, ou bien appeler jour un espace arbitraire de 24 heures, sans s'occuper du soir et du matin que mentionne la narration mosaïque, ou bien régler l'œuvre de Dieu sur l'heure d'une contrée déterminée, du pays d'Eden par exemple, ce qui serait du même coup réduire cette œuvre à cette contrée et en faire un incident sans importance (Voir le syst. suivant).

II. Système anté-hexamérique.

1° *Exposé.*

Voici la conception de *Buckland* : — A la fin de l'ère tertiaire, survint la dernière de ces grandes catastrophes qu'admet Cuvier dans ses « Révolutions du Globe ». Tous les êtres vivants sont détruits; les continents sont ensevelis sous l'Océan; l'atmosphère se charge de vapeurs et de poussières volcaniques, au point que les nuées et les mers paraissent se confondre et que la lumière du jour est interceptée : en un mot, le monde terrestre est replongé dans l'état chaotique décrit par le ℣ 2 de la Genèse. Les versets suivants nous font assister au débrouillement de ce chaos en six jours naturels.

Pour rendre la thèse plus vraisemblable, tant au point de vue géologique qu'à celui de la détermination astronomique du commencement et de la fin de chaque jour, on ajoute que tous ces faits ont pu se restreindre (comme plus tard le déluge universel) à la partie du continent asiatique qui a été le berceau de l'humanité.

2° *Avantages.*

Ce système fut d'abord accueilli avec enthousiasme et resta longtemps en faveur (surtout dans la patrie de Buckland). En voici les raisons :

1. Il laisse aux formations géologiques (ce que ne fait pas le précédent) tout le temps nécessaire pour se développer avec leur succession d'organismes aujourd'hui fossiles : il les place en effet, y compris l'évolution nébulaire, dans l'espace de temps indéfini qui sépare la création du ℣ 1 et le chaos du ℣ 2.

2. Il maintient à leur place chronologique (ce que ne fait pas le système suivant) la création des espèces actuellement vivantes, nos plantes au 3e jour, nos poissons et nos oiseaux au 5e.

3° *Difficultés.*

Il y en a trois principales : scripturaire, physique, géologique.

1. *Difficulté scripturaire.* — Nous ne critiquerons pas l'interprétation donnée dans ce système aux œuvres des six jours. Elle étonne d'abord en réduisant les faits à une simple géogé-

nie et aux apparences subjectives ; mais elle est si naturelle, elle écarte tant de conceptions scientifiques contestables et éloignées de la pensée de l'auteur sacré, qu'elle a fini par passer tout entière dans le système des jours-périodes. — Mais celui de Buckland réduit d'abord la préparation du séjour de l'homme à des proportions bien mesquines, surtout s'il la borne à un coin de terre pour écarter d'autres difficultés : il est difficile de voir là la création ou l'organisation révélée par l'Ecriture, alors surtout que la géologie nous en révèle une autre incomparablement plus grandiose et plus fondamentale. Ensuite, l'Ecriture ne paraît admettre qu'un seul chaos une seule fois débrouillé. Pourquoi d'ailleurs cet accident dans la grande évolution organisatrice, accident général ou circonscrit précisément aux lieux où Dieu voulait créer l'homme ? faudra-t-il rêver l'intervention jalouse des anges déchus ?

2. *Difficulté physique*. La rénovation, même localisée en une région de l'Asie, n'aurait pu s'accomplir naturellement en six fois vingt-quatre heures. C'est particulièrement évident pour le 3e jour (émersion des terres et germination des plantes terrestres) comme nous l'avons fait remarquer dans l'interprétation du mot jour d'après la Bible elle-même. Or le miracle qui n'a pas été fait après le déluge, n'avait pas plus de raison d'être ici.

3. *Difficulté géologique*. — On ne trouve *point de traces de cette catastrophe prodigieuse*, pire que le déluge biblique. Les révolutions générales sont abandonnées des géologues ; et le diluvium, que Buckland invoqua d'abord, suffit à peine pour le déluge. Les animaux et les plantes ne furent jamais anéantis en bloc : nos espèces actuelles de mollusques datent pour la plupart de l'ère tertiaire. Dieu, dit-on, après avoir anéanti les espèces, aurait pu les créer de nouveau, chacune en son pays : « C'est peu vraisemblable, remarque le P. Hamard (1), si l'on tient compte des procédés ordinaires du Créateur, qui jamais ne se répète, mais sans cesse varie ses actes et perfectionne son œuvre », comme toute la géologie particulièrement en fait foi. Dieu ne prit pas cette voie pour sauver des eaux du déluge des types aujourd'hui vivants. Dans le cas d'une réno-

(1) Controverse du 16 novembre 1878.

vation toute locale, la création nouvelle d'animaux marins était bien superflue.

III. Système des jours-périodes.

1° *Exposé.*

La Bible ne fait que retracer en abrégé les grandes lignes des ères géologiques. Pour faciliter la comparaison, nous divisons l'œuvre divine en trois ordres de faits, quoique le second empiète chronologiquement sur le troisième :

A : *Faits d'évolution* non mentionnés dans la Bible et *antérieurs au chaos* du ℣ 2 : *anté-hexaméron* ;

B : *Organisation de la nature brute* : 1er, 2e et 4e jours.

C : *Création de la nature vivante* : 3e, 5e, et 6e jours.

A : **Anté-hexaméron**

Nous y reléguons toute la *cosmogonie sidérale* ainsi que la première *formation des trois enveloppes terrestres* (atmosphère, océan, croûte solide). Le verset 2 nous représente donc un océan sans limites, qu'enveloppe une atmosphère complètement remplie de vapeurs ténébreuses. Cette donnée est à fois biblique (art. précédent, ℣ 2) et géologique : absence de reliefs notables dans la première croûte, accumulation de brouillards entre une mer brûlante et l'espace froid.

B : **Organisation de la matière brute : lumière, firmament, astres.**

Plusieurs concordistes ne mettent avant le chaos biblique que la création proprement dite : le chaos biblique devient alors un chaos primitif complet. Le **1er** *jour* voit les *premières vibrations lumineuses* dans l'univers ; le **2e**, la *séparation de la matière des astres et de la matière de la terre*, peut-être la première *condensation des mers* ; le **4e**, *la formation objective des globes solaire, lunaire et stellaires.* — Mais cette voie est de plus en plus abandonnée en faveur du sens obvie et naturel.

Nous adoptons donc l'explication de ces trois journées par *trois phases successives d'un même phénomène : diminution graduelle de l'enveloppe nuageuse*, diminution due à des précipitations aqueuses continuelles, sur les mers d'abord et plus tard sur les terres aussi, à cause de leur refroidissement progressif. Ainsi :

Au **premier jour**, la *lumière* du soleil arrive, mais d'une manière seulement *diffuse*, à travers le brouillard éclairci, jusqu'à la surface de l'abîme, et, grâce à la rotation de la terre sur elle-même, *le jour commence à alterner avec la nuit.*

Au **deuxième jour**, la vapeur d'eau perdant sa prépondérance dans l'atmosphère, *les brouillards s'élèvent soutenus par l'air (firmament)*, pour former la masse encore énorme et continue des *eaux supérieures.*

Au **quatrième jour**, *les nuages*, de plus en plus diminués, *se déchirent* et laissent apparaître distinctement les *disques du soleil et de la lune*, ainsi que les étoiles (Saint Thomas, I[a], q. 70, a. 2, ad 3[um]). (1)

C'est en traitant du troisième ordre de faits que nous pourrons invoquer une induction géologique en faveur de l'état atmosphérique tel que nous le concevons avant le 4e jour, et établir le synchronisme approché des ères et des jours. Nous rencontrons en effet, entre le 2e et le 4e jour, l'émersion des terres et la création connexe des plantes, double œuvre qui forme un trait-d'union entre l'organisation du monde physique et celle du monde vivant, et qui nous fournira les renseignements nécessaires.

C. Création de la nature vivante : plantes, animaux, homme.

Posons d'abord un *principe : Moïse*, vu la brièveté de son récit, *ne touche que les traits principaux de l'ouvrage divin.* Les détails négligés auront été naturellement ceux qui avaient le moins d'importance aux yeux du vulgaire : « Moses ea tantum proposuit quæ in manifesto apparent » (Saint Thomas, q. 69, a. 2, ad 3[um]). De là *trois sortes de suppressions :* 1° les *objets peu frappants* (mollusques, plantes marines) sont omis, ou englobés dans les affirmations générales ; 2° est tu le *faible commencement*, quant au nombre ou à l'importance des objets,

(1) Il est possible qu'avant ce jour le soleil n'eût pas atteint son état de concentration définitive (Faye et de Lapparent) ; mais ce n'est point nécessaire pour le sens populaire de l'œuvre, et d'ailleurs on n'en peut dire autant de la lune et des étoiles.

d'une œuvre qui a son plein épanouissement à l'un des jours suivants : ainsi, à cause de leur importance secondaire par rapport aux grands reptiles aquatiques, et parce qu'ils sont cachés sous les eaux, les poissons proprement dits sont passés sous silence aux 3e et 4e jour, où ils abondèrent, et nommés seulement dans une récapitulation générale ; 3° est également tue la continuation ou la *répétition d'une œuvre* déjà commencée sous un jour, par exemple la continuation de l'émersion des continents, la substitution d'une espèce à une autre dans la même grande catégorie d'êtres vivants : ainsi, bien que les espèces actuelles ne datent que du 6e jour, Moïse a pu placer la création des plantes au 3e et celle des monstres marins au 5e. C'est par un procédé analogue que saint Thomas rapportait aux 5e et 6e jours les animaux, même d'espèces nouvelles, « species etiam novæ, si quæ apparent, » qui naissent, croyait-on, par génération spontanée : « Nihil postmodum factum est totaliter novum, quin *aliqualiter* in operibus sex dierum prœcesserit » (q. 73, a. 1, ad 3um).

Il ne faut donc pas, comme quelques-uns l'ont voulu, chercher les plantes du 3e jour dans les algues de l'époque *cambrienne*, la création aquatique du 5e dans les mollusques et crustacés de la même époque ou dans les poissons *siluriens et dévoniens*, ni les volatiles du même jour dans les insectes ailés des mêmes terrains. Les plantes du 3e jour sont, d'après le texte même, des *plantes terrestres*, le vêtement du sol nouvellement émergé ; les animaux du 5e sont surtout de *grands monstres* marins et des oiseaux ou des êtres ailés de même importance.

Voici, avec ses justifications, la concordance la plus probable et la plus accréditée.

Le **3e jour** correspond principalement à la **période carboniférienne.** — En effet : 1° C'est alors que les *continents* commencent à bien se dessiner : *1re œuvre* (nous reproduisons ici la Pl. IV des Notions de Géologie). 2° Ils se couvrent d'une *végétation prodigieusement active*, telle qu'il serait difficile d'en trouver depuis une pareille : *2e œuvre*. 3° Cette végétation, plus ou moins herbacée et spongieuse, dépourvue de fleurs brillantes (Fig 67 à 71, aux pp. 90 et 91), accuse une *atmosphère humide et voilée* ; ce que confirme la prédominance des insectes nocturnes (*blattidés*). De plus, l'absence d'arbres à couches concen-

Pl. IV. Les continents.

à la fin du Carbonifère (et du Permien)

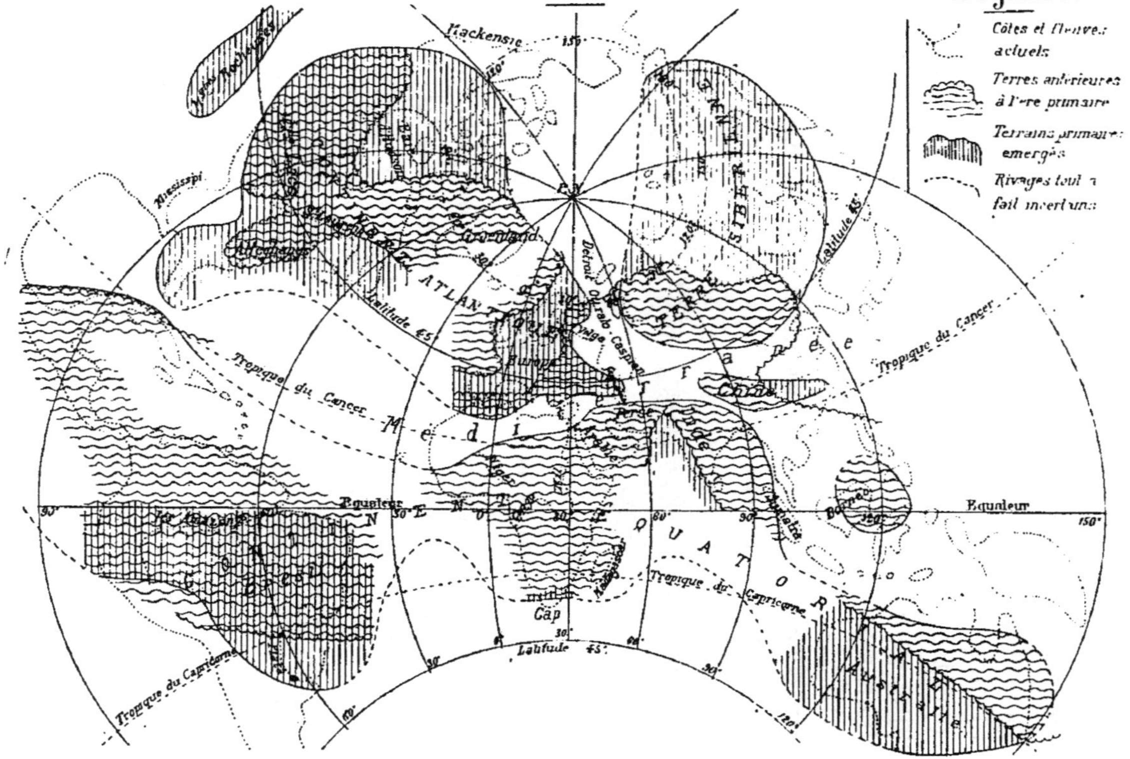

Légende.

Côtes et fleuves actuels

Terres antérieures à l'ère primaire

Terrains primaires émergés

Rivages tout à fait incertains

triques annuelles, et la diffusion, jusque dans les régions polaires, des plantes caractéristiques d'une température torride (fougères arborescentes), indiquent l'absence de saisons et de climats, et par suite l'absence des relations de la terre avec le soleil sous leur mode actuel. Ces faits s'expliquent, si l'on admet qu'une *enveloppe nuageuse et persistante* tamisait la lumière du soleil, retenait partout la chaleur que ses rayons communiquaient au sol ou que celui-ci avait conservée d'un état igné primitif, entretenait enfin dans la couche inférieure de l'atmosphère, peu troublée par des ruptures d'équilibre, un état hygrométrique constamment élevé. Ainsi la *végétation houillère* paraît bien avoir été *antérieure* à l'apparition du soleil, *au 4e jour* (1).

Le **5e jour** correspond à l'**ère secondaire**. — En effet : 1° Les *grands reptiles marins* (Fig. 78 ; Fig. 33 à la p. 49)

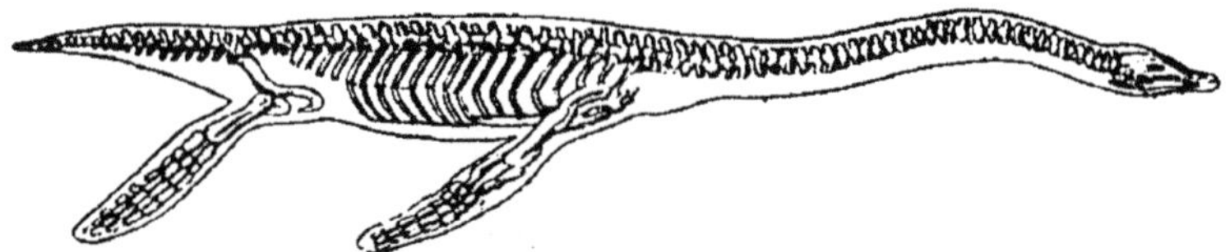

Fig. 78. — Plesiosaurus dolichodeirus (du Lias) 15 mètres.

représentent d'une façon très frappante les *cete grandia* ; leur respiration aérienne répond bien à l'idée d'*âmes vivantes* (voir art. précédent § 2me) ; elle les obligeait à se montrer hors des eaux, ce qui en fait une œuvre *quæ in manifesto apparebat* dans une vision révélatrice. 2° Les *ptérodactyles* (Fig. 35 à la p. 50) sont *assimilables aux oiseaux*, représentés d'ailleurs par l'*archéoptéryx jurassique* (Fig. 35 bis à la p. 50) et par les *grands oiseaux de la craie* du Kansas. On fait remarquer aussi l'affinité anatomique étroite entre les oiseaux et les reptiles, affinité qui donne la raison de leur épanouissement dans la

(1) Lefebvre, dans les Mondes du 12 août 1882 et dans la Controverse du 15 décembre 1882.— Nous avions, dans notre 2e édition, invoqué le ch. II, 5,6 : « Aucune plante n'était encore sur la terre, aucune herbe n'avait encore germé, car Dieu n'avait pas encore fait pleuvoir sur la terre et l'homme n'y était point pour cultiver le sol : *un brouillard s'élevait de la terre et arrosait toute la surface du sol.* » Le dernier membre indiquerait le mode d'arrosage spécial au 3e jour : des brumes chaudes dues en partie aux vapeurs thermales. Mais ce texte est obscur et se rapporte peut-être au régime du pays d'Eden avant la création de l'homme et avant le déluge.

même ère. La rareté des fossiles d'oiseaux dans les terrains secondaires s'explique en partie par leur habitation terrestre (ces terrains sont presque tous marins), par leurs ailes qui les soustrayaient aux surprises des inondations, et par la difficile conservation de leurs ossements légers. 3° La période permienne a vu déjà apparaître les arbres à bois serré et à couches concentriques (vraies *conifères*) ; l'époque crétacée voit se multiplier les plantes angiospermes à fleurs brillantes ; les climats commencent à se dessiner : le soleil du 4e jour a donc fait son apparition et reçu l'empire des temps. — Sans doute, les grands yeux des icthyosaures et des ptérodactyles, le retard dans l'apparition des fleurs brillantes jusqu'à la dernière série des formations secondaires, l'absence peut-être complète de papillons et autres insectes richement parés, indiquent que le jour n'avait pas encore son éclat actuel ; mais cela prouve seulement que l'œuvre du 4e jour se continua pendant le 5e et n'atteignit toute sa perfection qu'à la fin de ce dernier.

Le **6e jour** correspond à l'**ère tertiaire** pour les *animaux terrestres* et à l'**ère quaternaire** (simple couronnement de la précédente) pour l'*homme*. — C'est alors, en effet, que se fait la manifestation la plus variée et la plus riche des mammifères (Fig. 36, 37 à la p. 51 ; 50 et 51 à la p. 72) ; il n'y avait eu auparavant que la sous-classe dégradée des marsupiaux. La classe des reptiles aussi offre alors ses représentants franchement terrestres, les *serpents*. L'*homme* couronne l'œuvre : depuis son apparition, aucun genre nouveau, ni même aucune espèce nouvelle certaine.

A, B, C : **Ensemble résumé de la concordance.**

Anté-hexaméron : De la création au chaos terrestre.	**Evolution nébulaire** : formation des globes. **Constitution des enveloppes terrestres** : extinction de la croûte, condensation de l'Océan, obscurcissement de l'atmosphère.

1er jour : La *lumière* se fait sur l'abîme.	**Période cambrienne :** Les rayons diffus du soleil percent les vapeurs. La mer suffisamment refroidie se peuple de mollusques, crustacés et autres invertébrés à respiration branchiale, invisibles pour l'observateur.
2e jour : Le *firmament* sépare les eaux supérieures des inférieures.	**Période silurienne :** Couche d'air relativement pure au-dessous des nuées. **Aurore de la vie aérienne et terrestre :** fougères, insectes.
3e jour : 1° L'*aride* paraît. 2° *Végétaux terrestres.*	**Période carboniférienne :** Les continents prennent assez d'étendue et de stabilité. Végétation puissante, mais uniforme, spongieuse et sans fleurs, — donc sous nue.
4e jour : Les *astres* sont placés au firmament.	**Périodes permienne et triasique :** L'influence directe du soleil est attestée par des arbres à bois serré et à couches concentriques : saisons, bientôt climats.
5e jour : 1° *Grands monstres* aquatiques. 2° *Volatiles.*	**Périodes jurassique et crétacée :** Grands reptiles des eaux marines (icthyosaures), des eaux douces (crocodiliens), des marécages (dinosauriens). Ptérodactyles, oiseaux.

6e jour :	**Ere tertiaire :**
1° *Animaux terrestres :*	Mammifères normaux.
Bestiaux.	Grands herbivores, pachydermes et ruminants.
Reptiles.	Rongeurs et insectivores ; serpents.
Bêtes sauvages.	Carnassiers.
2° *Homme.*	**Ere quaternaire.**

2° *Avantages.*

1. La Bible et la géologie nous racontent l'organisation du monde terrestre : il est naturel de penser qu'il s'agit de la *même œuvre* et de chercher à faire concorder les deux récits. Voir dans la Bible quelques coups de baguette instantanés, en contradiction avec l'évolution constatée par la science, ou quelque épisode de second ordre, paraît, au contraire, bien invraisemblable.

2. La géologie nous montre une *évolution dans le temps* ; la Bible aussi nous dit que Dieu a employé le temps : les deux données concordent donc pour faire prendre la Bible à la lettre sous ce rapport. Il est vrai que les périodes géologiques sont longues ; les jours bibliques, courts à première vue ; mais un examen plus attentif du texte insinue que les œuvres divines ont dû exiger plus de temps, et que, par conséquent, les jours ne sont qu'une mise en scène et un raccourci. Les œuvres elles-mêmes sont présentées par l'écrivain sacré d'après les apparences et au point de vue populaire ; le système concordiste a l'avantage d'en donner l'interprétation scientifique.

3. Ce serait donc un troisième avantage de trouver dans la science une *confirmation de l'hexaméron.* Mais cette confirmation n'est pas assez évidente ; il y a lieu, au contraire, de se demander si elle n'est pas trop subtile, peut-être même forcée. Donc :

3° *Difficultés.*

Nous les rangerons sous quatre chefs, et nous répondrons à mesure.

1. *Contradiction dans l'ordre des faits.* Il y a eu abondance, non seulement d'invertébrés obscurs, mais de poissons, avant l'ère secondaire, voire avant le carboniférien ; peu d'oiseaux proprements dits, au contraire, avant l'ère tertiaire ; *point d'arbres à fruit à l'époque de la houille.*

Réponse. — Nous avons résolu ces difficultés par le principe des *traits principaux* et apparents. Les arbres à fruits sont rattachés par anticipation à la première grande création végétale.

2. Moïse voulait évidemment parler de la création de *nos plantes*, de *nos monstres marins*, etc. ; et voilà qu'*on leur substitue des êtres depuis longtemps éteints.*

Réponse. — Les adversaires ne peuvent exiger que Dieu ait révélé la succession des faunes et des flores, ou que, pour s'en tenir aux espèces actuelles, il ait laissé de côté les grandes périodes antérieures à l'ère tertiaire. Il est donc naturel que le récit sacré échelonne les êtres vivants selon l'ordre d'apparition des grandes catégories admises par le vulgaire, au lieu de les masser à la fin d'une froide énumération de formations stériles.

3. *Les œuvres des trois premiers jours sont géologiquement simultanées.*

Réponse. — Elles empiètent l'une sur l'autre avec des transitions insensibles, nous le concédons ; pas de preuve géologique péremptoire de leur succession, nous le concédons encore. — Cependant, on peut remarquer que la lumière a commencé au moins avec l'aurore de la vie, et cette aurore remonte au moins au début du Cambrien. Au contraire, l'absence d'êtres à respiration aérienne (arachnides, insectes) et de plantes terrestres avant les derniers temps siluriens paraît indiquer l'absence d'une atmosphère suffisamment libre de brouillard. — D'ailleurs l'ordre indiqué est rationnel. La lumière, dont le plein épanouissement était réservé au 4e jour, avait, dès ses premières lueurs, une importance capitale : elle était nécessaire pour rendre visible les autres œuvres. L'émersion des continents, au contraire, ne devait être signalée qu'au moment où ils devenaient aptes à recevoir une luxuriante parure.

4. *L'ordre des œuvres est trop systématique pour être un ordre réel*, comme on l'a dit (art. 2e, § 3, II), et de plus les coupures

naturelles de la géologie ne sont point celles de la Bible, comme on le voit par le tableau de concordance.

Nous avons déjà répondu au premier point. Ajoutons que nous admettons l'idéalisation du tableau dans une large mesure, pourvu que la substance de l'ordre historique soit respectée. Ainsi procède tout artiste : il dégage l'idéal de son sujet en mettant en saillie certaines lignes. Ainsi fait l'historien, sauf que, dans nos usages modernes, il avertit des anticipations. Ainsi font les prophètes : S. Jean, dans l'Apocalypse, soumet les événements futurs à un rythme sacré. L'auteur inspiré, ou plutôt Dieu révélateur, a donc choisi, parmi les longues et multiples phases de l'évolution du globe, les traits qui allaient le mieux à son but, et les a renfermés dans un nombre parfait et une symétrie élégante, couronnée par l'unité mystérieuse du nombre 7. Il suffit, pour justifier et le choix et la division, qu'il y ait eu, dans la réalité, six faits ou groupes de faits de première importance, se succédant dans l'ordre indiqué, quand même le point de vue plus scientifique de la stratigraphie établirait dans les périodes géologiques une classification plus ou moins différente (1).

IV. Système de l'ordre idéal.

A. **Saint Augustin** (de Gen. ad litteram, l. I à VII).

1° *Exposé.*

Nous avons déjà exposé le côté scripturaire de ce système. Au point de vue physique et métaphysique, il consiste à diviser l'œuvre divine en deux éléments bien distincts, la création première et l'évolution, mais d'une manière différente de celle qui est admise aujourd'hui.

1. *La création première et proprement dite* comprend le monde inorganique dans sa forme actuelle et le monde vivant

(1) On a dit que la parole divine était allée jusqu'à condescendre aux préjugés de son interprète et de ses auditeurs, dans l'expression et l'ordre des choses. C'est ainsi que le ciel est représenté comme une voûte solide (?), que la lumière du jour est considérée comme indépendante du soleil et produite avant lui. Soit ! pourvu que le fond du récit reste vrai. Alors on admirera encore davantage comment la Bible se trouve d'accord, dans les grandes lignes, avec la géologie, comment elle a su concilier la vérité scientifique, inconnue de ses contemporains, avec l'avantage de ne pas choquer les idées de ceux-ci.

dans ses causes. Elle est l'objet de l'hexaméron ; mais elle est instantanée, parce qu'on ne peut concevoir de temps dans l'acte même qui a établi le temps (l. IV c. XXXIII, 52, CXXXV, 56; l. V, c. V, 12). Développons :

Le monde inorganique, dans sa forme actuelle. Saint Augustin en effet préfère le *simul* là où la succession n'est pas prouvée, et cela ne l'était pas de son temps (l. IV, c. XXXIV, 54). Le chaos du ℣ 2 n'est donc qu'une distinction théorique entre la matière et la forme (l. VI c. I, 2), et les jours un ordre idéal présenté à l'intelligence angélique.

Le monde vivant dans ses causes, ou, comme dit le saint docteur, dans ses *raisons séminales* : « Insitis rationibus, quas tanquam seminaliter sparsit Deus in actu condendi » (l. IV, c. XXXIII, 51). « Occultis atque invisibilibus rationibus, quæ in creatura causaliter latent... in rationibus primordialibus » (l. VI, c. X, 17, 19). Ainsi les plantes : « Causaliter produxisse terram herbam et lignum, id est producendi accepisse virtutem » (l. V, c. IV, 11 ; c. V, 14). Ainsi les animaux : « Aquarum natura... produxit... et hæc potentialiter... sexto terrestria... potentialiter » (l. VI, c. VI, 10). Ainsi même l'homme (it.). Des réserves cependant pour le mode de développement du corps d'Adam et surtout pour la création de son âme : « De anima quam Deus inspiravit homini... nihil confirmo » (l. VII, c. XXVIII, 43).

2. *L'évolution du monde vivant* est racontée partiellement au ch. II de la Genèse ℣ 4 et suivants (l. V, c. I ; l. VI c. II ; l. VII c. XXVIII, 41). L. VI, c. VI, 9 : « Dies invisibiles... in quibus creavit omnia simul... istos appositos in quibus operatur quotidie quidquid ex illis tanquam involucris primordialibus in tempore evolvitur. »

2° *Avantages*.

Saint Augustin, dit le P. Mazella, avait conçu son système d'interprétation par crainte des moqueries des incrédules. Il reflète en effet les idées de son temps sur l'origine des choses : instantanéité et quasi-immutabilité de certaines œuvres (les cieux, les astres, etc.), évolution des autres (la vie). Par suite, invraisemblance de la dispersion des premières en six jours naturels (instantanéité fragmentée), impossibilité du resserrement des secondes dans le même laps de temps (évolution miraculeuse). — De plus, saint Augustin parait à la difficulté astronomique des jours naturels (voir objections au système post-hexamérique).

3° *Difficultés.*

Au point de vue géologique, le système de saint Augustin se confond avec le système post-hexamérique et rencontre les mêmes difficultés. Saint Augustin serait devenu de nos jours pur idéaliste ou concordiste.

B. Les modernes.

1° *Exposé.*

L'*hexaméron est* pour eux, nous l'avons dit à l'art. 2, une revue et *une adaptation aux jours de la semaine, sans portée historique.*

2° *Avantages.*

D'accord avec le système concordiste contre les post-hexaméristes et les anté-hexaméristes, celui-ci a sur le précédent l'immense avantage d'éviter tout conflit actuel ou futur avec la science, notamment les rapprochements forcés et les explications subtiles des divergences. — Nous avons dit ce que nous pensons de ces difficultés des jours-périodes.

Nous ne pouvons regarder comme un avantage, d'entrer dans les vues de la critique contemporaine, qui tend à écarter le plus possible la valeur historique des premiers récits de la Genèse et à n'y voir que des allégories (sinon des mythes) d'origine chaldéenne ou autre, épurées par l'inspiration divine en vue d'un enseignement religieux. C'est faire trop bon marché des traditions qui ont pu se conserver dans les familles de Noé et d'Abraham, et manifester trop d'éloignement pour tout ce qui sentirait une Révélation proprement dite.

3° *Difficultés.*

Abandon, sans raisons suffisantes, du sens historique obvie, qui fait le grand avantage du système précédent, et de belles concordances, que l'on qualifie trop vite de subtilités.

V. Appréciation générale.

Aujourd'hui, il est impossible de trouver place pour une organisation instantanée du monde, et surtout du monde terrestre, soit qu'on adopte le concept rationnel d'un seul instant (Saint Augustin), soit qu'on s'attache au concept illogique de six instants séparés par des intervalles arbitraires de 24 heures chacun (post-hexaméristes). La rénovation précipitée, dont parlent les anté-hexaméristes, est à la fois mesquine, physiquement impossible et contredite par les faits. Le pur idéalisme de certains modernes ne vaudrait, d'autre part, qu'à défaut d'une solution plus littérale.

Dès que la Genèse et la géologie s'accordent à nous représenter le séjour de l'homme préparé par une évolution progressive, unique d'ailleurs de part et d'autres, il y a lieu de voir, dans les deux livres de la Révélation et de la Nature, la même œuvre racontée en styles différents. Il faut seulement que l'accord se poursuive dans les grandes lignes des œuvres et de leur ordre, sans rapprochements forcés, et sans crainte, pour l'avenir, de contradictions substantielles. Or le système des jours-périodes satisfait à ces conditions :

1. Il n'introduit, tel que nous l'avons exposé, aucune interprétation scientifique et forcée du texte de la Genèse (sauf la réserve qu'on voudra faire pour le mot jour, dont le sens est encore plus détourné par les idéalistes) ;

2. Il ne craint pas le contrôle de la géologie de l'avenir, puisque, d'une part, on peut l'exposer largement en admettant une certaine idéalisation du tableau, et que, d'autre part, l'ordre paléontologique qu'il exige est une conséquence nécessaire des états successifs du globe : lumière, végétaux terrestres cryptogames et gymnospermes, soleil, animaux marins à respiration aérienne, animaux terrestres supérieurs.

ARTICLE QUATRIÈME

ORIGINE DES ÊTRES VIVANTS ET EN PARTICULIER DE L'HOMME

Faciamus hominem ad imaginem et similitudinem nostram. (*Gen.* I, 26.)

TABLEAU SYNOPTIQUE

§ 1er. — Origine des végétaux et des animaux.

I. GÉNÉRATION SPONTANÉE.

Le commandement donné à la terre de produire les plantes (ỷ 11, 12), aux eaux et à la terre de produire les animaux (ỷ 20, 24), paraît d'abord favoriser la doctrine des générations spontanées. Mais :

1. Il ne faut pas, d'après les principes d'interprétation posés à l'art. 1er, chercher dans la Bible la raison cachée et scientifique des phénomènes, quand les apparences suffisent à justifier son langage. Or, aux yeux du vulgaire, beaucoup de plantes et d'animaux paraissent naître spontanément des eaux, du sol. Le texte n'indique ici explicitement que le milieu, tout au plus la matière, des organismes ; c'est comme s'il y avait : « Que les germes enfouis dans

la terre, dans les eaux, et nourris de ces éléments, en sortent développés. »

2. Le commandement divin indiquerait moins une vertu propre et permanente des éléments, qu'une vertu extraordinaire et temporaire, et, par suite, la création de germes vivants ou de raisons séminales au sens de saint Augustin (1) ; d'autant plus que Dieu indique la semence propre aux plantes et la fécondité des animaux comme le moyen ultérieur naturel de production.

3. Le mot *créer*, employé pour les premiers animaux, mène à la même conclusion.

II. Transformisme.

Notre texte paraît, au premier abord, affirmer la production directe et immédiate des différentes espèces, par le mot *leminéhou*, *selon son espèce* (ỳ 11, 12, 21, 24, 25), par l'indication de la semence comme moyen de reproduction spécifique, *ayant en eux leur semence selon leur espèce* (ỳ 11), et par la bénédiction donnée dans le même but aux animaux (ỳ 22).

Mais les évolutionistes croyants feront les observations suivantes :

1. La Bible a pu exprimer comme elle l'a fait, sans aucune visée scientifique et dans l'hypothèse même du transformisme, l'apparition des types divers, leur distinction actuelle et leur mode de propagation spécifique.

2. Le système des jours-périodes suppose aujourd'hui éteintes les espèces créées aux 3e et 5e jours. Ne trouverait-il pas une justification nouvelle dans un transformisme restreint, qui regarderait les espèces actuelles comme continuant réellement et non idéalement ces types des anciens jours ?

3. Enfin, le mot *barà* (créer) n'apparaît qu'à la création première de la matière, à la première formation animale et à celle de l'homme, les trois seuls actes certains de création pro-

(1) St Augustin distingue le cas de la génération spontanée pour les *minutissima* (*De Gen. ad litteram*, l. XIV, 22, 23.)

prement dite. Il est facile de conclure que tout le reste n'est qu'évolution.

Nous pensons qu'on ne peut, ici encore, tirer de la Bible, en ce qui concerne les animaux et les plantes, aucun argument pour ou contre une thèse scientifique. Cette thèse reste par conséquent abandonnée à l'observation et à l'expérimentation.

---

§ 2e. — **Origines de l'homme.**

I. Le transformisme appliqué a l'homme.

Nous avons vu (1) combien l'origine animale de l'homme est invraisemblable aux points de vue organique, géologique et ethnographique.

La théologie et la saine philosophie ne rencontrent donc aucune objection scientifique, en dehors des *à priori*, lorsqu'elles nous montrent l'homme sortant directement, corps et âme, des mains du Créateur.

Le texte de la Bible n'apporterait point sur ce sujet, sans l'interprétation dogmatique de l'Eglise, une lumière bien nouvelle et invincible. Nous devons ici préciser quelques points.

1° *Formation des corps d'Adam et d'Eve.*

Le chap. II ne fait pas de distinction entre la formation corporelle de l'homme et des animaux.

℣ 19 (texte hébreu) : « *Formavit Iahveh Deus de humo cuncta animalia agri et cuncta volatilia cœli.* »

℣ 7 (texte hébreu) : « *Formavit Iahveh Deus hominem pulverem de humo.* »

Rien ne préjuge le mode suivant lequel Dieu réalisa cette première génération, si ce n'est que la nature de l'homme paraît exiger une intervention plus spécialement providentielle et en un sens miraculeuse.

---

(1) 1re partie, art. 4e, § 5e.

1. *Autorité de saint Augustin.* — Ce grand docteur paraît embarrassé. D'une part il maintient son principe de la création des êtres vivants dans leurs raisons séminales (De Genesi ad litteram : VI : x, 17, 19 ; xv, 26). D'autre part, il fait deux réserves : 1° il peut être dans la nature même de certaines raisons séminales d'agir instantanément, ce dont il tire une théorie du miracle (VI : xiii, 24 ; xiv, 25) et surtout la possibilité de la formation instantanée ou très rapide du corps d'Adam (VI : xiv, 25 ; xv, 26) ; 2° l'âme d'Adam a pu n'être pas en germe dans les raisons séminales de première création (VII, xxviii, 43.)

2. *Raison scripturaire.* — *La formation extraordinaire du corps de la femme* aux dépens de celui du premier homme, attestée par la Bible (II, 21, 22) et connexe, ce semble, avec l'unité rigoureuse du genre humain ; *la solennité du langage de Dieu* dans le chap. I (ỷ 26, 27), où l'homme tout entier (sans distinction du corps et de l'âme) est présenté, non comme une production de la terre (à la différence des animaux), mais comme un ouvrage à part, image de Dieu et roi de la terre, viennent à l'appui de la croyance à un ordre spécial dans la création de l'homme.

3. *Raison philosophique.* — Il nous paraît répugner qu'un corps vraiment humain, soit avant, soit après l'infusion de l'âme raisonnable, ait dépendu d'une manière quelconque, dans sa formation, sa naissance et sa première éducation, d'un animal sans raison, d'une brute. D'autre part, la transformation subite d'un primate adulte en homme parfait ne serait pas plus acceptée des évolutionistes que des théologiens.

2° *Création et infusion de l'âme humaine.*

Cette œuvre supérieure, qui est la création d'une âme raisonnable, capable de connaître et d'aimer son Auteur, de comprendre et de gouverner en maître les autres œuvres, est clairement impliquée dans la formule : « *Faisons l'homme à notre image et ressemblance, et qu'il domine...* »

Faut-il voir l'expression même de cette création dans le chapitre II, ỷ 7 (hébreu) : « *et il souffla dans ses narines un souffle de vie, et l'homme devint âme vivante* ? » — Bien que l'expression âme vivante convienne aussi aux animaux dans le style biblique, et que le souffle de vie soit matériellement la respiration, il ne faut pas confondre la métaphore avec le sens plus haut qu'elle recouvre ; il faut remarquer, au contraire, que ce souffle de vie n'est point mentionné pour les animaux au ỷ 19, et que le ỷ 7, seul et pour l'homme seul, le distingue de la formation originaire du corps. C'est donc au moins, sans invoquer même l'interprétation auctoritative de l'Eglise, une confirmation et un complément de ce qu'il y eût de transcendant dans la création de l'homme.

II. Unité de l'espèce humaine.

Le dogme de l'unité de l'espèce humaine ressort clairement de toute l'histoire génésiaque, et d'abord des textes que nous venons de rapporter sur la formation du premier homme (1). Il s'agit de l'unité dans le sens strict, c'est-à-dire de la descendance d'un couple unique.

Que dit la science à ce sujet ? Nous nous contenterons d'indiquer trois genres de considérations, qui insinuent au moins cette vérité.

1. *Ethnographie.* — De Quatrefages établit, d'une manière qui approche de la certitude, que toutes les races humaines actuellement subsistantes sont originaires de l'Asie. Il suit notamment les étapes du peuplement, relativement récent, des îles de l'Océanie par des Nègres et surtout par des Malais. Il montre également l'occupation de l'Amérique par les Peaux-Rouges, dérivés des Jaunes d'Asie et venus par le détroit de Behring, accessoirement par des Nègres venus d'Afrique au Brésil, et même par des Blancs, entrés par l'Islande et le Labrador. — C'est une unité de berceau qui insinue, sans y conclure absolument, l'unité stricte d'origine.

2. *Physiologie.* — Le même savant montre dans les variations et les croisements indéfinis des races humaines, l'unité physiologique de l'espèce. Il ajoute, comme signe à la fois

(1) Nous n'avons pas à parler ici des textes du Nouveau Testament, par exemple Act. XVII, 26, de la tradition et de l'enseignement de l'Eglise, ni de la connexion nécessaire de ce dogme avec ceux de la chute et de la rédemption.

exclusif de la pure animalité et caractéristique de l'unité de nature, les facultés supérieures et, chez tous les peuples, fondamentalement les mêmes, de religiosité et de moralité, que nous appellerons plutôt intelligence proprement dite ou *raison*, faculté de connaître l'abstrait et le supra-sensible, de s'élever par conséquent à la connaissance de Dieu, de la loi, du devoir, et de se conformer ou non, par le choix d'une volonté libre, à cette règle d'amour supérieur. — Encore là il est difficile de supposer plusieurs souches de cet arbre magnifique.

3. *Paléontologie.* — Il est à remarquer que les partisans de l'évolution pour l'homme même sont souvent aussi *polygénistes*, à cause de l'indiscernabilité supposée de la race et de l'espèce. Rien ne les empêche d'admettre en théorie plusieurs *pro-anthropos*, comme ils admettent plusieurs *pro-hippos* (1). Ils seraient heureux pourtant d'en trouver un seul et de concéder à ce prix l'unité de l'espèce humaine. D'autant qu'une évolution si sublime n'a pas dû rencontrer couramment ses conditions. Mais nous ne devons pas nous attarder sur les conséquences, même les plus sages, d'une hypothèse dont nous avons constaté l'inadmissibilité.

La *préhistoire* d'ailleurs n'infirme en rien, si elle ne les confirme pas, les conclusions ethnographiques de Quatrefages. L'homme quaternaire d'Europe, en effet, ne saurait être démontré autochtone, vu les communications faciles, dès cette époque, avec l'Asie ; et celui d'Amérique, outre les mêmes presque facilités de communications, est encore fort problématique (2). L'un et l'autre paraissent postérieurs aux hommes d'Asie et d'Egypte, qui se distinguent par la précocité de leur civilisation.

III. Barbarie ou civilisation originaire.

Nous avons déjà dit, au sujet du transformisme, ce qu'il fallait penser de la barbarie ou plutôt de la sauvagerie de

(1) L'un Américain, l'autre Européen. — Il y aurait ainsi de vrais autochtones.

(2) On met de plus en plus en doute, pour l'Amérique, l'homme paléolithique et contemporain des glaciers (*Rev. des Quest. Scientif.*, juillet 1902, p. 43-44).

l'homme quaternaire (1) : elle fut plutôt physique que morale et sans lien avec une bestialité originaire ; elle s'explique par des conditions de vie défavorables à la civilisation.

Il faut maintenant comparer avec les données bibliques. Or il y a lieu de distinguer.

1. Au *point de vue moral*, la Bible nous montre l'homme établi d'abord dans un haut degré de perfection comme de bonheur, puis déchu et précipité sur la pente de toutes les dégradations, ne recevant quelque relèvement que de l'intervention immédiate de Dieu.

2. Au *point de vue économique*, il est dès l'abord, dans cet état de déchéance, aux prises avec la nécessité de la vie matérielle, luttant contre une terre rebelle à l'aide d'un outillage rudimentaire, mangeant son pain à la sueur de son front. Agriculteur et pasteur, il ne deviendra sans doute chasseur et pêcheur que lorsque une vie aventurière et errante entraînera quelque tribu loin du sol originaire. La Bible nous fait assister à l'invention des industries métallurgiques (Gen. IV, 22), des instruments de musique (℣ 21), des habitations plus ou moins fixes et groupées (℣ 17). Après le déluge, elle nous fait assister à un effort pour établir un grand centre de ralliement : c'est la construction de la ville et de la tour de Babel (Babylone et probablement tour de Borsippa). Si l'entreprise avorte partiellement, elle n'en est pas moins le point de départ de la civilisation Chaldéenne. L'histoire, tant sacrée que profane, nous montre en Egypte un centre de la civilisation la plus reculée. C'est de ces deux foyers, par l'intermédiaire de la Phénicie et de l'Asie Mineure que la Grèce et tout l'Occident reçoivent progressivement la culture industrielle et artistique.

Il n'y a point en tout cela de contradiction avec les découvertes dites géologiques ou préhistoriques. Aucune de ces découvertes ne contredit l'usage immémorial des métaux dans les grands centres primitifs de la civilisation. Il n'est pas prouvé que l'usage de la pierre taillée ou polie y ait précédé l'usage des métaux. Ces deux outillages y coexistent plutôt, comme ils coexistent encore aujourd'hui dans les pays sauva-

(1) Première partie, art. 4ᵉ, § 5ᵉ, III.

ges entamés par la civilisation moderne (Canada, Australie). C'est à mesure qu'on s'éloigne de ces centres que les âges de la pierre taillée et de la pierre polie apparaissent comme sûrement antérieurs, le premier à l'invasion du cuivre, le second à celle du fer. L'Amérique était encore à l'âge de la pierre et du cuivre (mais aussi de l'or et de l'argent) avant les grandes expéditions Espagnoles ; l'Océanie ne connaissait que la pierre et l'os. Cela s'explique, non parce que plusieurs émigrations ont pu précéder réellement l'invention des métaux, mais plutôt parce que les émigrants n'ont pas tous emporté le secret métallurgique ou trouvé les minerais utilisables. De Quatrefages a fait remarquer à quel degré infime s'est réduite l'industrie de peuplades Malaises installées sans ressources dans des ilôts de l'Océanie : la pêche à l'aide d'hameçons en os de poissons.

En résumé, l'homme primitif n'était ni proprement barbare, ni proprement civilisé, mais apte à conquérir la civilisation dans les conditions favorables (climat doux et sol riche, concentration et stabilité permettant l'enseignement traditionnel), ou exposé à tomber dans la barbarie, même la sauvagerie, parmi les hasards des migrations isolées et trop lointaines. Quant aux fluctuations morales, elles relèvent de causes plus hautes dont nous n'avons point à nous occuper ici : la civilisation y est, dans une certaine mesure, une condition, mais (l'histoire, hélas ! le prouve) non la cause suffisante du progrès.

IV. Antiquité de l'homme.

1° *Données extra-bibliques.*

Deux sources d'information se présentent en dehors de la Bible sur l'antiquité de l'homme : 1° la préhistoire quaternaire ; 2° l'histoire, monumentale surtout, des peuples d'Orient.

1. *La préhistoire* appartient seule directement à l'ordre des questions que nous avons à traiter. Nous avons vu déjà (1)

(1) 1re partie, art. 3e, § 3e.

dans quelles limites se meuvent les vagues données de la chronologie quaternaire. D'une part, il faut écarter les centaines de mille ans évoquées par Lyell et autres à l'aide de calculs chimériques. — D'autre part, si l'on a foi aux chromomètres les moins arbitraires de l'époque moderne, il faut reculer les débuts de la pierre polie à 6 000 ans environ avant l'ère chrétienne et ceux de la pierre taillée à près de 15 000 ans. Etant donné, de plus, que l'homme n'a pénétré dans l'Europe occidentale qu'un temps nécessairement assez long après sa première multiplication en Asie, voilà certes une belle antiquité pour le genre humain. — Nous avons vu cependant que ces chiffres pourraient fort bien se réduire à des proportions plus modestes : l'homme de la pierre polie et du cuivre pourrait bien ne remonter chez nous qu'à — 1 500 ans et celui de la pierre taillée à — 5 000.

Ce serait presque conforme aux supputations tirées autrefois de la Bible. Mais, quand nous n'avouerions pas que ces chiffres réduits sont géologiquement les moins probables, nous devons reconnaître que les chronologies de la Chaldée et de l'Egypte, sinon de la Chine, paraissent exiger, du moins pour les peuples Orientaux, une origine plus lointaine. Ceci nous oblige, pour présenter l'état complet de la question, à dire un mot de ces chronologies.

2. *L'histoire profane de l'Orient* nous offre en effet deux séries de documents. Pour l'Egypte ce sont les tables dynastiques de Manéthon, confirmées en partie par les inscriptions hiéroglyphiques. Elles donnent environ 5000 ans depuis Ménès, fondateur de la monarchie, jusqu'à l'ère chrétienne. En élaguant des dynasties simultanées et d'autres causes de double emploi, on réduit vraisemblablement ce chiffre à 4 000 ans, plus difficilement à 3 500. — Pour la Chaldée les documents font presque défaut avant — 2 500. Nabonide cependant fait remonter à — 3750 l'édification d'un temple par un de ses prédecesseurs, Naramsin, fils de Sargon I (1). Il y a lieu de tenir compte de cette indication, tout portant à croire que la civilisation babylonienne ne fut pas en retard sur l'égyptienne, si même elle n'en fut pas la mère.

(1) Vigouroux : *Les Livres Saints et la Critique rationaliste*, tome III, p. 295.

— D'ailleurs, la nécessité d'un certain laps de temps pour la multiplication des Noachites après le déluge biblique et pour le développement des grandes civilisations nous fait remonter encore plus haut. Le fait de l'existence des grandes races humaines dès cette époque reculée, attestée par les monuments égyptiens, conduit aux mêmes conclusions.

2° *Données bibliques.*

On l'a dit depuis longtemps déjà, la Bible ne présente pas une chronologie proprement dite, telle que nous l'entendons aujourd'hui, c'est-à-dire des ères servant à fixer une série continue de dates. C'est en additionnant des chiffres de vies ou de règnes, qu'on est arrivé à des supputations longtemps en faveur. Ces supputations sont même troublées par des divergences, signes d'altérations accidentelles ou de corrections systématiques, entre l'hébreu, le samaritain et les Septante. Voici ces supputations (1) :

	Hébreu.	Samaritain.	Septante.
Adam (chute)	4 004	4 324	5 389
Noé (déluge)	2 348	3 017	3 147
Abraham (vocation)	2 000	2 000	2 000
Exode (sortie d'Egypte)..........	1 500	1 500	1 500

et encore les chronologistes grecs font-il remonter le déluge à 3 300 et la création à 5 500 environ, toujours avant l'ère chrétienne.

A partir d'Abraham les chiffres sont approximativement certains et concordent avec les données Egyptiennes, Assyro-Babyloniennes, etc.

Pour les périodes antérieures, l'exégèse a senti le besoin d'une base plus large, afin de se mettre d'accord avec les données de l'histoire profane plus encore qu'avec celle de la géologie. — Sans doute, il reste avéré que le genre humain est relativement jeune, suivant l'impression qu'en donne la Bible. On ne trouve plus, avant 4 ou 5 000 ans au plus, que des héros et des dieux, dont les vies fabuleusement allongées rappellent

(1) Vigouroux : *Les Livres Saints et la Critique rationaliste*, tome III, p. 228-229.

seulement la longévité des patriarches, et dont l'auréole mythique fait songer aux premiers ancêtres du genre humain. Mais, d'un autre côté, le cadre maximum de 3 300 ans du déluge à Notre-Seigneur est manifestement insuffisant. Il y a donc lieu d'admettre quelque cause d'erreur dans la supputation ancienne. Celle qu'on invoque ordinairement est l'existence de lacunes considérables dans la liste des patriarches : les plus importants seuls auraient été signalés, et les dates assignées à leur naissance seraient des transcriptions systématiquement fautives de données incomprises. On a des exemples certains de lacunes dans d'autres passages de l'Ecriture (voir la généalogie de Moïse, Exod VI, 20) ; et l'âge de 500 ans auquel Noé est dit avoir engendré Sem, Cham, et Japhet montre qu'il y a dans la généalogie des patriarches des éléments qui ont échappé aux transcripteurs.

L'allongement notable des périodes patriarcales, surtout de la période postdiluvienne, paraît donc sans inconvénient pour la véracité du récit biblique, et d'autre part semble exigé par la géologie, l'ethnographie, l'histoire. La mesure possible de cet allongement n'est pas au-dessous des exigences de ces sciences. Quant à la date plus précise du déluge, elle dépendra de l'opinion qu'on pourra et qu'on voudra adopter sur l'universalité ethnique de ce cataclysme : nous réservons donc ce point pour l'art. suivant.

ARTICLE CINQUIÈME

LE DÉLUGE

Delebo hominem, quem creavi, à facie terræ. (*Gen.* VI, 7.)

TABLEAU SYNOPTIQUE

§ 1er. — Etat de la question.

La Bible nous apprend qu'un grand cataclysme est venu troubler l'état de stabilité relative où était parvenue la terre lors de la création de l'homme et où nous la voyons aujourd'hui (Genèse VI, 7 ; VII, 19, 21, 22, 23).

J'EFFACERAI L'HOMME QUE J'AI CRÉÉ DE LA SURFACE DE LA TERRE, DEPUIS L'HOMME JUSQU'AUX (GRANDS) ANIMAUX, JUSQU'AUX REPTILES ET JUSQU'AUX OISEAUX DU CIEL : CAR JE ME REPENS DE LES AVOIR FAITS... ET LES EAUX S'ÉLEVÈRENT SANS MESURE SUR LA TERRE..., ET EXPIRA TOUTE CHAIR SE MOUVANT SUR LA TERRE, DES OISEAUX, DES BESTIAUX, DES BÊTES SAUVAGES, ET DE TOUT CE QUI GROUILLE SUR LA TERRE, ET TOUS LES HOMMES ; TOUT CE QUI A LE SOUFFLE DE VIE DANS LES NARINES, DE TOUT CE QUI (HABITE) SUR L'ARIDE, MOURURENT... ET IL NE RESTA QUE NOÉ ET CE QUI ÉTAIT AVEC LUI DANS L'ARCHE.

Le déluge est un fait historique, établi, non seulement par le caractère inspiré de la Genèse, mais encore par la véracité naturelle de ce livre et par les traditions des Chaldéens et autres peuples. Ainsi, ne pût-il s'expliquer de tous points que par un miracle, il faudrait encore l'admettre. Nous faisons cependant la supposition que tout n'est pas miraculeux dans ce châtiment providentiel, que Dieu a employé pour le produire les causes secondes dans la plus large mesure, et qu'il a dû laisser des traces de son passage. Dans cette hypothèse si plausible, nous sommes amenés à chercher si la géologie nous renseigne aussi elle sur le déluge, sinon en nous en montrant des traces positives, du moins en nous en rendant les circonstances plus intelligibles; cette science pourra même nous aider à interpréter ces circonstances.

Nous examinerons donc, en premier lieu, le texte sacré pour acquérir une notion historique exacte du fait ; en second lieu, les données géologiques qui peuvent l'éclairer.

---

§ 2e. — **Exégèse du récit de la Genèse** (VII, VIII, IX).

Trois points principaux à examiner : 1° la cause physique du déluge ; 2° ses circonstances locales, 3° son universalité.

I. Cause physique.

Dieu donne expressément *la pluie* comme cause du déluge : « Je ferai pleuvoir sur la terre pendant quarante jours et quarante nuits. » (VII, 4). Ceci concorde avec l'importance que le récit de la création donne aux *eaux supérieures* (I, 7).

Mais, plus loin, paraissent intervenir les *eaux inférieures*, dont les bassins des mers sont comme les sources inépuisables : « Toutes les sources du grand abîme furent ouvertes » (VII, 11). Ceci concorde avec ce que nous enseigne S. Pierre, que le premier monde périt par les eaux d'où il était sorti (II Petr. III, 5, 6).

Il semble résulter des promesses faites par Dieu à Noé que les conditions météorologiques dans lesquelles se produisit le déluge cessèrent d'exister ensuite. Dieu fait pacte avec Noé et sa postérité de ne plus bouleverser les saisons en tant que la vie de l'homme en dépend (VIII, 21, 22), de ne plus détruire toutes choses par les eaux du déluge (IX, 11). Pour gage de ce pacte, il donne l'*arc-en-ciel* (IX, 12 à 17) : or plusieurs commentateurs pensent qu'alors seulement ce phénomène lumineux commença à se produire habituellement, que ce fut la suite d'une diminution dans la violence des pluies et comme un indice naturel de l'impossibilité d'un déluge pour l'avenir (1). Il est plus simple de penser que la prompte apparition de ce signe de paix annoncerait la prompte fin et l'innocuité des pluies : « Quand je couvrirai la terre d'une nuée, cet arc apparaîtra dans la nuée (ỳ 14, d'après l'hébreu). »

II. CIRCONSTANCES LOCALES.

Il est naturel de supposer que ni Noé, témoin du déluge, ni Moïse, écho inspiré de la tradition, n'eurent de révélation spéciale sur les circonstances du déluge, celles du moins qui ne furent point expressément annoncées par Dieu et qui n'intéressent point l'histoire de la Religion. Les circonstances physiques que décrit la Bible furent donc particulières au pays où flotta l'arche, et telles que les yeux de Noé les observèrent. Nous en distinguerons deux principales : la durée et la hauteur de l'inondation.

1° *Durée.*

Les eaux ne commencèrent à baisser qu'au bout de cinq mois après le commencement de la pluie (VII, 11 ; VIII, 3), et l'arche s'arrêta une dizaine de jours plus tard sur les monts d'Arménie (*Ararat* en hébreu). Deux mois seulement après, parurent les sommets des monts (environnants) Deux mois encore, et, la colombe ne revenant plus, Noé vit que les eaux s'étaient entièrement retirées (VIII, 13). Mais il fallut encore plus de deux mois d'attente pour que la terre desséchée fut en

(1) On fait remarquer que, sous les tropiques, ce phénomène est presque inconnu, à cause de la violence et de l'étendue des précipitations atmosphériques.

état de recevoir ses maîtres, et l'homme sauvé ne sortit de l'arche qu'*un an et dix jours* après y être entré.

Nous conservons cette supputation comme ancienne et commune. Nous avouons pourtant être touchés par l'augmentation de l'abbé Sloet (1) pour réduire le séjour dans l'arche à 207 jours. Il se fonde particulièrement sur l'invraisemblance de deux mois d'intervalle entre l'arrêt de l'arche et l'apparition des sommets, de deux mois encore entre l'émission de la colombe et la sortie de Noé. Il donne des raisons pour la division de l'année, au temps de Noé, en sept mois seulement de 28 jours chacun, et croit à une erreur de transcription au ch. VIII ỳ 5, où il faudrait rétablir *premier* mois au lieu de *dixième*. On a ainsi l'ordre naturel suivant :

2e mois, 10e jour : Annonce prochaine du déluge, préparatifs de l'entrée dans l'arche.
— 17e jour : Fermeture de l'arche ; commencement de la pluie.
7e mois, 27e jour : Après 150 jours (5 × 28 + 10), l'arche s'arrête.
1er mois, 1er jour : Deux jours après, les sommets apparaissent.
2e mois, 13e jour : Après 40 jours (27 + 13), émission du corbeau et de la colombe.
— 20e jour : Seconde émission de la colombe, qui rapporte le rameau.
— 27e jour : Dernière émission de la colombe : elle ne revient pas.
— 28e jour : *Sabbat* : Sortie de l'arche et sacrifice.

Du 2e mois 17 au 2e mois 28, on a 7 × 28 + 11 = 207.

2° *Hauteur.*

« *Toutes les hautes montagnes qui sont sous tout le ciel furent couvertes* ; les eaux s'élevèrent de quinze coudées au-dessus. » (VII, 19, 20).

Les Pères exceptaient les montagnes qui dépassent la région des nuages à cause des mots « qui sont sous le ciel ». Ce sen-

(1) Congrès de Fribourg, 2e section, p. 207.

timent serait rendu plausible par les deux observations suivantes : 1° le déluge ayant pour but la destruction du monde vivant, il n'y avait à se préoccuper que des cimes accessibles à l'homme ; 2° si le cataclysme correspond à l'époque glaciale, les plus hauts sommets devaient être ensevelis sous des glaciers affreux.

Voici pourtant, ce semble, la solution véritable : Moïse ne parle que des *hauteurs en vue dans l'horizon de Noé*. En effet : 1° Le contexte insinue que Noé vit lui-même reparaître les sommets d'abord submergés (VIII, 5) ; 2° cela n'eut lieu qu'après que l'arche se fut arrêtée sur l'un d'eux, en Arménie : ils n'étaient donc pas plus élevés que celui-ci ; 3° les quinze coudées répondent à la profondeur nécessaire pour que l'arche, haute de trente coudées, put flotter : il s'agit donc des points culminants auxquels l'arche surnageait.

III. Universalité.

La durée du déluge, l'élévation de ses eaux, le but d'extermination, la nécessité de l'arche pour sauver la famille de Noé et préserver nombre d'espèces animales, sont autant de preuves qu'il ne s'agit pas d'une inondation vulgaire, si violente fût-elle. *Le déluge submergea une vaste contrée*, c'est-à-dire une grande partie de l'espace circonscrit par la Méditerranée, la Mer Noire, la Caspienne, les golfes Persique et Arabique : ces nappes d'eau purent confluer pendant quelques mois. Ce cataclysme mérite donc, au moins dans un sens relatif, le nom d'universel.

Mais quel degré d'universalité faut-il lui attribuer ? Trois opinions se présentent, qui se sont succédé dans le temps, et qui coexistent actuellement avec des valeurs inégales : le déluge rigoureusement ou *physiquement universel*, submergeant tous les continents et détruisant tous les animaux terrestres ; le déluge moralement ou *ethniquement universel*, c'est-à-dire submergeant la terre habitée et faisant périr absolument tous les hommes hors de l'arche ; le *déluge restreint* aux contrées voisines du pays d'Eden et *aux hommes restés groupés* autour des patriarches Séthites. Nous indiquerons brièvement les fondements et les difficultés exégétiques de ces opinions.

1° *Universalité physique.*

Cette opinion, communément soutenue par les Pères et les commentateurs jusqu'au milieu des temps modernes, est basée sur les expressions énergiques et sans restriction du texte sacré. Pour l'homme, c'est évident : « Dieu se repentit d'avoir fait l'homme sur la terre... J'effacerai, dit-il, l'homme que j'ai créé de la face de la terre » (VI, 6, 7). Comparer VII, 21, 23. Pour les animaux, ils sont associés à l'homme avec la même force d'expression, et d'eux aussi Dieu dit : « Je me repens de les avoir faits » (VI, 7, 13 ; VII, 21, 23.) Pour les continents : « Furent couvertes toutes les hautes montagnes qui sont sous **tout** le ciel » (VII, 19).

2° *Universalité ethnique.*

La restriction du déluge au monde habité par l'homme s'est introduite peu à peu et a de nos jours généralement prévalue, par suite des difficultés physiques que nous exposerons en leur lieu. Les bases scripturaires de ce système sont les suivantes :

1. *C'est l'homme que Dieu veut détruire*, et les animaux seulement à cause de lui (VI, 7). Le contexte permet donc de ne pas prendre à la rigueur, comme il arrive si souvent dans la Bible, l'expression *tout* appliquée aux animaux, au ciel, et de la restreindre à l'entourage de l'homme. Les terres lointaines (Amérique, Australie, etc.) auraient été épargnées.

2. La destruction des animaux est si peu le but direct du fléau, que Dieu pourvoit à la conservation de différentes espèces, sans doute celles qui présentaient quelque utilité pour la postérité de Noé (VII, 2, 3). D'ailleurs le ch. IX, 9, 10, semble indiquer la survivance de plusieurs en dehors de l'arche : « Je fais ce pacte avec vous... et avec tous les animaux qui sont avec vous... depuis tous ceux qui sortent de l'arche jusqu'à toutes les bêtes de la terre (1) ».

(1) Ce dernier sens n'est pourtant pas évident, et l'hébreu pourrait se traduire simplement, comme récapitulation : « *avec toutes les bêtes de la terre.* »

3. Rappelons-nous le côté subjectif du récit : l'horizon de Noé, le monde connu de lui.

3° *Universalité restreinte au groupe ethnique principal.*

Cette thèse, hardie et téméraire au premier abord, fut émise au commencement de ce siècle par le géologue Omalius d'Halloy, Belge de nation et catholique de croyance. Les progrès de l'histoire des peuples anciens et de l'ethnographie ont attiré fortement l'attention sur elle dans ces dernières années. On a interrogé de plus près la Bible et l'on a cru y trouver des indices favorables : voici les principaux, d'après l'exposé de l'abbé Motais, de Rennes.

1. Les motifs invoqués pour la seconde opinion militent également en faveur de celle-ci, si l'on veut être conséquent. Nous faisons cependant des réserves au sujet du but que Dieu se proposait et de son importance pour l'histoire de la Religion, quoiqu'on fasse remarquer que ni le dogme, ni le sens figuratif du déluge ne sont atteints par une restriction ethnique.

A cette raison négative, on en ajoute deux positives.

2. Le plan de la Genèse (1), qui restreint graduellement l'histoire au peuple de Dieu, donne à penser qu'il n'est question aux ch. VI et suivants que de la descendance de Seth et des hommes (Caïnites ou autres) groupés autour d'elle ou même mêlés à sa vie. Ce serait ce groupe privilégié, mais plus gravement prévaricateur, que Dieu aurait voulu punir, en purifiant le sol où devait germer un rejeton de salut. Les tribus aberrantes ayant du reste été perdues de vue par Noé, le châtiment lui paraissait et pouvait lui être présenté comme universel.

3. Moïse, dans sa table ethnographique des descendants de Noé (Gen. X), ne comprend que des peuples de race blanche, à l'exclusion de ceux de race jaune (Chinois, Touraniens, etc.), qui ne pouvaient lui être totalement inconnus, et des Nègres, qu'il connaissait certainement grâce à son séjour en Egypte, où affluaient les esclaves noirs (2).

---

(1) Voir *Manuel Biblique*, de M. Vigouroux.

(2) La croyance populaire qui fait descendre les *Nègres* de Cham, par Chanaan, n'a pas de fondement scripturaire. Chanaan fut le père des Chananéens, et, par

Cette thèse a gagné assez de probabilité, on dirait presque de faveur, dans l'exégèse catholique, pour que nous devions en tenir compte dans le rapprochement avec la géologie. Voici d'ailleurs le jugement autorisé de l'éminent cardinal Gonzalès (la Bible et la Science) : « Si l'on considère le problème dans ses relations avec le texte biblique et la tradition ecclésiastique, l'universalité anthropologique se présente comme la plus probable ; si on le considère dans ses relations avec la science, la théorie de la non universalité ne manque pas d'une certaine probabilité ; pour le moment, il n'est pas possible d'établir laquelle des deux est, absolument parlant, la plus probable. »

---

§ 3. — Données géologiques.

Nous allons reprendre à ce point de vue les diverses questions posées ci-dessus, auxquelles se rattachera celle du synchronisme géologique ou de l'âge du déluge. Notre conclusion générale sera que les phénomènes quaternaires rendent compte partiellement des conditions du déluge, mais n'en fournissent pas la preuve scientifique.

I. Causes.

1. *Pluie.* — La géologie nous fait assister, durant l'ère tertiaire, à des formations immenses d'eau douce, et, au commencement de l'ère quaternaire, à des phénomènes glaciaires et alluvionnaires prodigieusement plus intenses que ceux de nos jours : le tout s'explique par des précipitations atmosphériques tout-à-fait exceptionnelles. Les quarantes jours de pluie violente deviennent donc vraisemblables, même au point de vue purement naturel.

---

eux, des Phéniciens, des Carthaginois, tous de race blanche, mais destinés à disparaître, après une civilisation matérielle corrompue, sous les coups des Sémites (Hébreux) et des Japhétites (Romains). Dans l'hypothèse de la non-universalité ethnique du déluge, les Nègres descendraient sans doute de Caïn, le maudit et le fugitif : presque partout, ils précèdent les autres races sur la voie des migrations.

2. *Invasion de la mer.* — Il est difficile de concevoir l'élévation et la durée du cataclysme sans une invasion marine résultant d'un affaissement à large échelle. — On a cherché des preuves géologiques dans le drift du Nord et dans la prise des mammouths de Sibérie par la glace. Mais nous savons maintenant qu'il n'y a eu dans le premier fait qu'un mouvement de glaciers et dans le second qu'un phénomène d'enfouissement sur place. Le léger affaissement qui accompagna le drift est restreint aux régions glacées du nord de l'Europe et de l'Amérique. — Cependant, si l'on reporte le déluge à l'époque des grands soulèvements et des effondrements qui caractérisent la fin des temps tertiaires, on conçoit que l'Océan Indien refoulé se soit jeté momentanément sur la cuvette affaissée de l'Asie occidentale. M. Bayle a fait remarquer que la dernière phase de soulèvement de l'Himalaya a relevé des alluvions quaternaires. L'arche, construite dans le pays d'Eden, probablement en basse Chaldée, s'arrêta au nord-ouest de ce pays, en Arménie : cela semble bien indiquer un flot venu du sud-est.

II. Circonstances et traces.

Le déluge n'a pas duré assez longtemps pour bouleverser profondément le sol ; mais il a pu laisser des traces sérieuses. En effet, les grandes inondations forment souvent des alluvions épaisses, résultant de dénudations notables. D'ailleurs, pour comprendre l'effet d'une pluie violente de quarante jours, il faut remarquer que l'ameublissement des roches par l'infiltration des eaux ne marche pas en proportion simple du temps, mais que, faible au début, l'effet s'accélère rapidement : témoins les éboulements gigantesques que l'histoire contemporaine enregistre encore de temps en temps.

Cependant, les formations quaternaires, telles du moins qu'on les connaît en Europe, où elles ont été soigneusement étudiées, ne répondent pas à toutes les exigences du problème. 1° Les *alluvions anciennes* des vallées, nommées diluviennes par allusion ou même par assimilation hâtive au déluge mosaïque, sont trop localisées et trop complexes pour attester autre chose que des crues extraordinaires et périodiques des rivières. 2° Le *lœss* des plateaux représente un phénomène plus considérable par la hauteur et l'étendue des dépôts. Aussi un écrivain Espagnol distingué a-t-il voulu y voir, naguère encore, la preuve du déluge : le lœss serait, d'après lui, le témoin d'une seule crise pluviale, aussi violente que courte, s'étendant à de vastes contrées depuis notre Occident jusqu'à la Chine. Mais cette formation inégale et discontinue est attribuée par les géologues à la désagrégation lente de certains reliefs du sol par les pluies continuelles d'une longue période très humide : la lenteur calme du phénomène est attestée par l'absence complète de gros matériaux.

Il faudrait, pour trouver des traces du déluge, avec les circonstances qu'il présenta autour de Noé, fouiller et étudier avec soin les dépôts meubles de l'Asie Occidentale, particulièrement des vallées du Tigre et de l'Euphrate, théâtre probable de ce grand événement. Il faudrait y chercher des débris de la civilisation anté-diluvienne, des coquilles provenant de l'invasion marine.

III. Universalité.

1 L'universalité physique est tout à fait invraisemblable. — Il faudrait supposer, sans raison suffisante, l'apparition miraculeuse, puis la disparition non moins miraculeuse d'une masse d'eau doublant ou triplant le contenu actuel des mers. — Aucune trace d'ailleurs, nous venons de le voir, d'un pareil cataclysme — La paléontologie enfin s'oppose absolument à cette interprétation du récit biblique. Plusieurs animaux ont disparu, il est vrai, à l'époque quaternaire, et on les a appelés anté-diluviens : mais ils ont disparu à différents moments, par des causes variées, et un grand nombre d'autres ont subsisté. Ceux-ci constituent des faunes régionales distinctes : il serait puéril de dire qu'ils sont venus des pays les plus lointains dans l'arche, pour y retourner ensuite.

2. L'universalité morale atteignant tout le genre humain ne présente point les mêmes difficultés. — Les hommes, à l'époque du déluge, pouvaient tous être encore groupés dans la région atteinte par le cataclysme. — Il serait moins vraisemblable de supposer que, dispersés, ils ont été exterminés simul-

tanément ou successivement par des inondations plus ou moins connexes avec le désastre local des Séthites : ce serait là une transformation assez arbitraire du concept du déluge, et surtout il est peu probable que les races dites préhistoriques de l'Europe aient complétement disparu pour faire place à d'autres (1).

3. L'universalité restreinte au groupe ethnique central et compacte dont faisait partie Noé n'est pas exigée par la géologie quaternaire. Tout dépend ici de la date du déluge par rapport aux phases glaciaires. Ce dernier point mérite d'être traité à part.

IV. Date géologique.

1° *Question préalable : date historique.*

Cette date, calculée en additionnant les âges des patriarches, est 2 348 avant J.-C. d'après le texte hébreu et la Vulgate, 2 957 av. J.-C. d'après le texte actuel des Septante, suivi par le martyrologe Romain, près de 3 300 en recourant aux combinaisons les plus larges. Mais nous avons vu, à la fin de l'article précédent, qu'en présence des données de l'histoire de la Chaldée et de l'Egypte, et grâce à une exégèse qui n'a rien d'arbitraire ni de forcé, il y a lieu de reculer la plus basse date du cataclysme à plus de 5 000 ans avant J.-C.

2° *Synchronisme géologique : deux hypothèses.*

1. On peut placer le déluge vers l'époque de la *grande extension glaciaire.* — Il y a à cela un double avantage : 1° faire intervenir comme cause les grands mouvements orogéniques ; 2° faire rentrer dans les temps post-diluviens toute la préhistoire européenne ou américaine. L'homme de la pierre

(1) Tout au plus pourrait-on supposer que l'*homme Chelléen interglaciaire*, qui est si rare, a été détruit au temps du lœss ou de la dernière extension glaciaire. Mais on retrouve l'homme contemporain de cette extension et se reliant au *Magdalénien* postérieur. Quant au Magdalénien, on peut bien plus difficilement encore supposer un hiatus anthropologique après lui, puisqu'il paraît contemporain en France de la civilisation de la pierre polie en Italie ; il vient d'ailleurs trop tard pour être antédiluvien (Voir 1re partie, art. 3e, § 3e II, et *Notions de Géologie*, 3e partie, 2e section, art. 4e).

taillée descendra donc de Noé (s'il n'est prouvé par d'autres voies, historiques ou ethnographiques, qu'il faut le rattacher à une autre souche), d'autant plus que cette hypothèse paraît exclure la diffusion du genre humain, avant le déluge, hors des contrées avoisinant son berceau (1). — Il est vrai qu'elle recule la date absolue du cataclysme vers — 30 000, pour ceux qui adoptent les supputations géologiques aujourd'hui communes, vers — 8 000 pour ceux qui admettraient l'autre système de chronologie quaternaire (2).

2. On peut encore placer le déluge vers la *seconde extension glaciaire*, dans la phase très humide qui l'a amenée et qui a sans doute donné naissance à la plus grande partie du *lœss*. Dans ce cas, les premiers hommes de la pierre taillée, correspondant à la faune de elephas antiquus et rhinoceros Merckii, sont nécessairement antédiluviens, et leur extinction totale par le déluge souffre difficulté, comme nous l'avons dit plus haut (III, 2, et note 1) — En revanche, suivant le système adopté pour la chronométrie géologique, le déluge est ramené à — 8 000 ou — 4 000. Cette dernière date est trop près de nous pour la formation des races (supposées toutes Noachites) et pour le développement des civilisations orientales. Elle entraînerait donc, du premier chef, la non universalité ethnique et l'allongement considérable, peut-être démesuré, de l'histoire antédiluvienne ; du second chef, elle devrait être écartée.

Conclusion.

En *résumé*, la géologie insinue la possibilité naturelle du déluge, mais n'en fournit, dans l'état actuel de la science, ni la démonstration ni le synchronisme exact.

---

(1) On pourrait conserver en effet la durée de 2 000 ans seulement d'Adam à Noé, avec les dix patriarches antédiluviens, qu'on retrouve dans les légendes chaldéennes et chinoises.

(2) Voir 1re partie, art. 3e.

ARTICLE SIXIÈME

LA FIN DES TEMPS

Elementa calore solventur ; terra autem, et quæ in ipsa sunt opera, exurentur. (II *Petr.* III, 10.)

TABLEAU SYNOPTIQUE

État de la question	§ 1er		
Fin par le feu	§ 2e	Données bibliques	I
		Essai d'une explication scientifique	II
Le monde nouveau	§ 3e	Données bibliques	I
		Justesse philosophique	II

§ 1er. — Etat de la question.

C'est un dogme catholique que le genre humain doit subir un jugement général, et que ce jugement doit être précédé par une catastrophe, qui, anéantissant l'état actuel de la nature, préparera un ordre plus parfait. Cette catastrophe s'appelle *la fin du monde ou des temps.* Ainsi les apôtres disent au Sauveur : « Quel sera le signe de votre avènement et de la consommation du siècle ? » (Mat. XXIV, 3).

Cette fin a été longtemps un pur objet de foi. Naguère encore, les savants incrédules auraient objecté à l'idée d'un renouvellement du monde la fixité des lois de la nature et l'éternité des mouvements célestes. Ils auraient emprunté, en le forçant même, le langage que leurs devanciers tenaient à Saint Pierre : « Où est (l'accomplissement de) sa promesse ? où est son avènement ? Depuis que nos pères se sont endormis (dans la mort), tout persévère comme maintenant, (et cela) depuis le commencement de la création » (II Petr. III, 4).

Aujourd'hui, comme nous l'avons vu (1), les sciences physiques viennent apporter des raisons, presque des preuves, en faveur d'une fin du monde. Nous avons à examiner ici les données bibliques sur la destruction du monde présent et sa régénération dans des conditions nouvelles, pour les comparer avec les possibilités d'ordre naturel et avec les convenances philosophiques.

---

§ 2e. — Fin par le feu.

I. Données bibliques.

1° *Idée générale.*

Saint Pierre, dans sa IIe épître (III, 5, 6, 7, 10, 12), résume très bien l'annonce prophétique : « Ils veulent ignorer qu'il y eut d'abord des cieux et une terre, que la parole de Dieu affermit en les tirant de l'eau et les formant par l'eau. Ce monde périt par la même cause (qui lui avait donné naissance, c'est-à-dire) par l'eau du déluge. Mais *les cieux et la terre actuels*, établis par la même parole, *sont réservés au feu* pour le jour du jugement et de la perte des impies..... En ce jour du Seigneur, les cieux passeront avec une extrême impétuosité, *les éléments seront dissous par la chaleur, la terre et les ouvrages qui s'y trouvent seront brûlés*..... Le jour du Seigneur amènera la dissolution des cieux par la chaleur et la fusion des éléments par l'ardeur du feu. »

Ces paroles ne laissent aucun doute. Seulement, il faut remarquer qu'il ne s'agit directement que du monde terrestre. Seul déjà il faisait l'objet du récit hexamérique ; seul il a pu être bouleversé une première fois par le déluge (2). La

---

(1) 1re partie, art. 5e.

(2) Encore, ce bouleversement ne fut-il vraisemblablement que local et partiel, tel que l'exigeait l'étendue du châtiment divin. A la fin des temps, il devra être plus général et plus complet, puisque le genre humain couvre aujourd'hui tout le globe et qu'il s'agit d'une régénération totale.

mention des cieux ne doit pas nous arrêter : il s'agit toujours de leur existence par rapport à la terre, et, pour parler scientifiquement, de leur projection sur la voûte du firmament.

2° *Circonstances.*

Nous les trouvons résumées dans cette prophétie de Notre-Seigneur, rapportée par saint Mathieu (XXIV, 29) : « *Le soleil s'obscurcira, la lune refusera sa lumière, les étoiles tomberont du ciel et les vertus des cieux seront ébranlées.* »

On trouve aussi dans Isaïe cette comparaison saisissante, qui fait sans doute allusion à la chute des étoiles : « Les cieux se rouleront comme un livre », c'est-à-dire, cette voûte constellée, qui fut à l'origine étendue sur nos têtes, ressemblera à ces rouleaux antiques, chargés d'écriture, que l'on déroule pour les lire et qu'on roule après s'en être servi.

Les Pères et les docteurs du moyen âge, imbus de l'idée des astres incorruptibles, faisaient remarquer que les étoiles dont la chute est annoncée, ne sont pas les étoiles fixes, mais des météores. Sans croire autant à l'inamovibilité de ces astres, dont nous avons fait intervenir la chute mutuelle dans une hypothèse scientifique (1), nous ferons observer : 1° qu'ils ne tomberont point sur la terre, ce qu'exclut leur volume supérieur à celui de notre planète ; 2° qu'il faut se représenter pourtant une sorte de pluie sidérale ou météorique, sensible à l'observateur terrestre (2).

II. Essai d'une explication scientifique.

On ne peut rattacher l'obscurcissement du soleil à l'hypothèse de son extinction et de la fin par le froid, les textes étant formels pour la fin par le feu. D'autre part, l'ébranlement, au moins apparent, des vertus des cieux, c'est-à-dire de leur armée, de leur ordre ou de leurs forces, la chute des étoi-

(1) 1re partie, art. 5e, § 2e, 3e.

(2) Nous croyons qu'il est subtile d'observer que le texte ne dit pas expressément que les étoiles tomberont *sur la terre* ; car l'expression *tomberont du ciel* signifie bien cela dans le langage ordinaire, le vulgaire ne connaît pas d'autre espèce de chute.

les, le reploiement des cieux, paraissent bien jouer un rôle essentiel dans la grande conflagration. Partant donc de ces derniers détails, le P. Bonniot fait les conjectures suivantes, conformes à l'hypothèse de la *destruction naturelle de la terre par une cause cosmique extra-solaire.* — La terre, entraînée dans un nuage cosmique, verra d'abord le soleil obscurci par ce nuage dense et profond (*sol convertetur in tenebras*, Joel II, 28, Act. II, 20), la lune ne conservant que la lueur rougeâtre des éclipses (*et luna in sanguinem*, it.). En même temps, notre demeure subira un véritable bombardement d'astéroïdes. Ce sera dans le ciel une averse continue d'étoiles filantes (*stellæ cadent de cœlo*), le firmament paraîtra s'enfuir (*cœli magno impetu transibunt*), se rouler comme un livre. Sur la terre, ce sera bientôt une conflagration générale, anéantissant d'abord, avec tout ce qui a vie, le genre humain et ses œuvres (*quæ in ipsa sunt opera*) poussant ensuite peut-être la résolution jusqu'à l'état liquide ou gazeux, dans une mesure que nous ne saurions préciser (*elementa calore solventur*). — Voilà, nous semble-t-il, en ne recourant qu'aux forces naturelles, l'explication la plus ingénieuse et la plus en rapport avec les détails bibliques. Mais rien ne nous dit que le feu du jugement soit un feu purement naturel ; sa notion se lie au contraire intimement à celle de la régénération subséquente, dont nous allons nous occuper et dont nous chercherions vainement une explication adéquate dans les phénomènes physiques connus.

---

§3e. — Le monde nouveau.

I. Données bibliques.

L'apôtre ajoute : « *Nous attendons, selon ses promesses, des cieux nouveaux et une terre nouvelle, dans lesquels la justice habite* » (II Petr. III, 13, Cf. Isa. LXV, 17). Saint Paul : « Nous n'avons pas ici de cité permanente, mais nous en cherchons une à venir » (Hebr. XIII, 14). Cette patrie nouvelle est ce que l'Ecriture appelle, en maint endroit, le *siècle futur*, la *régénération.*

L'astronomie nous montre la possibilité d'une nouvelle habitation pour l'homme, soit sur la terre régénérée après une catastrophe, soit dans un autre astre actuellement existant et prêt à le recevoir, soit dans un monde pouvant surgir des ruines de l'ancien ; mais elle ne donne pas la réponse complète aux espérances chrétiennes. Comparons en effet le monde actuel et la patrie promise.

Le *monde terrestre*, et tous ceux que le télescope révèle au dehors, portent le cachet de la *corruptibilité*. Les cieux matériels sont de la même nature que la terre, ils ne sont point revêtus de qualités supérieures : abandonnés à eux-mêmes, ils doivent, ce semble, aboutir, après toutes les révolutions imaginables, à une mort irrémédiable par le froid.

La *patrie promise* doit au contraire être *permanente* ; et cette permanence résultera de qualités nouvelles et surnaturelles. C'est un lieu où Dieu manifestera sa gloire, c'est-à-dire sa grandeur, sa puissance, sa sagesse, sa bonté, dans une mesure et d'une manière auprès desquelles toutes ses manifestations dans le monde présent ne sont que des figures et des ombres ; où, plutôt, il se manifestera lui-même et répandra sur les corps ressuscités des élus et sur tout ce qui les entourera sa clarté, son incorruptibilité ; il transfigurera tout par l'union la plus intime avec l'humanité glorieuse de son Verbe incarné, il deviendra tout en tous et en tout. Ce séjour n'est appelé terre nouvelle et cieux nouveaux que par analogie à notre séjour actuel, composé d'un sol que nous foulons et d'un pavillon étoilé que nous contemplons. Ses noms usuels sont *Paradis*, par allusion à l'antique jardin de délices, ou *Ciel*, parce que le ciel matériel a pour l'observateur vulgaire des apparences frappantes de grandeur, de splendeur et d'immutabilité. Ce séjour existe déjà pour le Verbe incarné et sa très sainte Mère, il recueille les âmes glorifiées des justes, il est la demeure naturelle et favorite des anges ; au jour de la résurrection générale et de la consommation, il s'étendra sur les ruines du monde présent.

Quel rôle jouera notre terre ou ses éléments non anéantis dans cette régénération ? Nous l'ignorons, et nous ne saurions faire des conjectures solides sur la disposition du Ciel des Bienheureux, de l'enfer, du séjour des enfants morts sans baptême. Nous terminerons plutôt ces études géologiques et cosmogoniques par une considération eschatologique de premier ordre.

II. Justesse philosophique.

L'astronome, réduit aux spéculations physiques, voit l'univers, sorti, d'un germe informe, enfanter des terres habitables, et rentrer enfin tôt ou tard dans le silence du froid et de la mort. Est-ce là une idée philosophique du dessein et du but de la création? Le livre de la Sagesse nous dit (I. 13, 14, 15, 23, 24) : « Dieu n'a point fait la mort, il ne se réjouit point dans la perte des vivants ; il a tout créé pour la vie ; la justice est immortelle... Dieu a créé l'homme immortel, l'ayant fait à sa ressemblance ; mais l'œuvre du diable a introduit la mort dans le monde. » En vain donc se contenterait-on de la froide immortalité de l'âme ; en vain, contrairement aux vraies notions sur la nature du composé humain, ressusciterait-on la vieille métempsychose en faisant voyager les âmes de corps en corps, d'astre en astre, sans mémoire du passé, sans but final, sans repos définitif dans la récompense. Non, la vie du temps est un chemin vers la patrie ; les créatures raisonnables marchent du néant vers Dieu ; le monde s'élève ainsi de la vanité à la vérité, du changeant à l'immuable. Dieu, dans son infinie bonté, bien loin de laisser son œuvre incomplète s'épuiser par ses propres efforts, veut la couronner et la consommer, en se l'unissant à la fin d'une manière ineffable, et la mettre dans un repos plein d'une nouvelle et éminente activité. Le monde matériel lui-même sera, par une opération surnaturelle, qui est le secret de l'architecte (1), adapté à ce repos glorieux. La philosophie véri-

(1) Nous ne savons pas le comment ; mais nous ignorons aussi le comment de l'acte créateur. Nous ne disons pas non plus qu'il y aura création de nouvelles énergies matérielles. Les anciennes ne s'anéantissent pas, elles ne font que se dissiper : pourquoi n'y aurait-il pas un ordre nouveau où elles seront recueillies, récupérées sans cesse dans un cycle vital parfaitement fermé ? Cela exigera sans doute la domination et la direction par des forces supérieures ; mais nous voyons déjà les forces physico-chimiques assujetties à servir la vie dans le développement et la perpétuation des organismes ; nous voyons les forces morales naturelles de l'homme élevées par la grâce à la transcendance héroïque et à la jeunesse immortelle des vertus chrétiennes.

table aspire à cette solide palingénèse ; la foi la révèle et la promet.

Revenons donc à saint Pierre, pour entendre de sa bouche inspirée ce grave conseil : « *Puisque tout ce monde* (qui nous enchante) *doit être dissous, combien ne devez-vous pas vivre dans les exercices de la sainteté et de la piété, vous empressant par vos espérances à la rencontre du jour du Seigneur..... Car nous attendons, selon sa promesse, des cieux nouveaux et une terre nouvelle, où la justice habite !* » (II Petr. III, 11, 12, 13.)

L. J. C.

COMPLÉMENT DE L'HYPOTHÈSE DE FAYE

(p. 25 à 27).

(Voir *Revue des Quest. Scient.*, avril 1897, p. 470).

Le colonel du Ligondès, dans sa *Formation mécanique du système du monde*, a fait pour Faye ce que d'autres ont tenté pour Laplace : amélioration et justification. De sa savante, mais difficile analyse, nous tirerons seulement les points suivants :

1. Des mouvements de toutes directions et de toutes formes préexistent dans la nébuleuse, avec légère prédominance du mouvement circulaire dans le plan équatorial et dans le sens direct (d'occident en orient).

2. Les mouvements très allongés engendrent, par choc vers le centre, l'agglomération solaire ;

3. Les mouvements circulaires non équatoriaux produisent, en s'allongeant, les orbes cométaires de toutes directions.

4. Les mouvements circulaires équatoriaux donnent naissance aux anneaux planétaires ; mais la diversité des sens amène des chocs, et, rapidement, une concentration des éléments sur le point où l'encombrement a commencé à se produire. — Ceci explique bien la formation et l'échauffement des globes, plus difficilement, ce nous semble, la conservation de l'orbite circulaire.

5. Les matériaux extra-équatoriaux accaparés par les globes planétaires ont agi comme cause déviatrice sur leur axe de rotation.

TABLE ALPHABÉTIQUE

Nota. — Le plan méthodique se trouve à la page 1. Les articles en sont répétés ci-dessous en petites capitales, dans l'ordre alphabétique. — Les chiffres indiquent les pages.

RODEZ, IMPRIMERIE E. CARRÈRE.

www.ingramcontent.com/pod-product-compliance
Ingram Content Group UK Ltd.
Pitfield, Milton Keynes, MK11 3LW, UK
UKHW022047190726
13855UKWH00002B/435

9 782013 441049